NHK
园艺指南

图解蓝莓整形修剪
与栽培月历

［日］伴琢也 著

侯玮青 译

机械工业出版社
CHINA MACHINE PRESS

12 个月
栽培月历
Blueberry

目录

Contents

本书的使用方法

导读员

我是"12 个月栽培月历"的导读员，将把书中每种植物在每个月的栽培方法介绍给大家。面对这么多种植物，能否做好介绍，着实有些紧张啊！

本书以月历（1~12 月）的形式，对蓝莓栽培过程中每个月的工作与管理做了详尽的说明，此外，还对其主要品系、品种与病虫害防治方法等做了简单的介绍。

※ 在"蓝莓栽培的基础知识"（第 5~28 页）部分，介绍了蓝莓植株的构成及各部位的名称、主要的品系和代表性的品

种、栽培前应预先掌握的知识要点等。

※ 在"12 个月栽培月历"（第 29~81 页）部分，介绍了蓝莓栽培过程中每个月主要的工作与管理。按照初学者必须进行的"基本的农事工作"和中、高级者有意挑战的"尝试工作"两个层次加以说明，主要的操作步骤在对应的月份加以揭示。

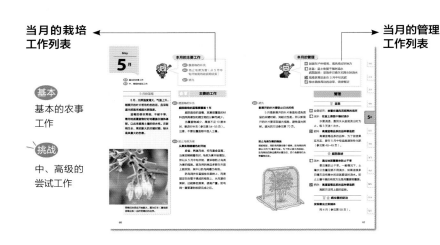

当月的栽培工作列表

基本 基本的农事工作

挑战 中、高级的尝试工作

当月的管理工作列表

※ 在"主要病虫害及防治措施"（第 82~89 页）部分，对蓝莓主要发生的病虫害及防治措施加以说明。

※ 在"问答 Q & A"（第 86~89 页）部分，解答蓝莓栽培中的常见问题。

●本书以日本关东以西地区为基准（译注：气候类似我国长江流域），由于地域与气候的不同，蓝莓生长发育状况与开花期、工作适期都有所差异。另外，浇水与施肥量只是一个标准，要视植物的生长发育状态进行增减。

●在日本，登记注册过的种苗品种，禁止以转让、贩卖为目的进行无限制的繁殖。另外，即使是自家使用的品种，也禁止转让与过度繁殖，必须与种苗公司签订合同。在进行扦插等营养繁殖时，事先要进行确认。

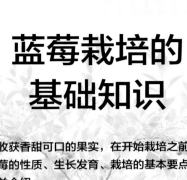

蓝莓栽培的
基础知识

为了收获香甜可口的果实，在开始栽培之前，应先掌握有关蓝莓的性质、生长发育、栽培的基本要点等知识。以下做相关介绍。

正在结实的兔眼蓝莓果树。因品种
同，有的可以长到 5 米以上。通过修
，可以使结实位置降低以便于采摘。

蓝莓的魅力

1. 无农药栽培成为可能

蓝莓与其他果树相比，压倒性的优势是极少地使用农药。蓝莓依赖于药剂防治的病虫害很少，几乎可以实现无农药栽培。

2. 既能盆栽，也能庭院栽植

蓝莓与其他果树相比，植株相对矮小，即便使用盆栽，也能充分享受丰收的乐趣。如果庭院栽植，植株能长很高，产量也相应增加。

3. 品种多样

蓝莓主要有 3 个品系，每一品系又有很多品种。果实的品质（大小、甜度、酸度、香味）也因品种的不同而有差异。考量要种植哪个品种，也是充满乐趣的事情。

蓝莓既有适宜在夏季凉爽而冬季寒冷的地区栽种的品种，也有适宜在冬季温暖的地区栽种的品种。因此，只要选择与当地气候相符合的品种即能种植。

4. 成熟的果实非常好吃

完全成熟的蓝莓果实，其好吃的程度无以言表。刚摘下的果实可以生吃，也可以简单地做成果汁和果酱。栽培过蓝莓的人，都能从中享受到味觉上的乐趣。

5. 修剪操作简单

- 生长了大约 5 年的枝，从基部剪除。
- 长势好的枝，剪去其长度的1/2左右，使其成为预备枝（将来成为结果母枝，参照第 35 页）。
- 花芽，疏除 1/2 左右。

掌握了以上要点，每年就能收获美味的蓝莓果实。即便修剪错误，也不是什么问题，从植株靠近地面处还会发出新枝（萌蘖枝）。

吊钟形或壶形花朵开放，是充满期盼的时期，期待不久就要到来的收获期。照片中是北高灌蓝莓品系的品种"斯巴坦"。

NP-S.Maruyama

渐次开始收获，完全成熟的果实可以立即食用或入冷藏库保存。照片中是北高灌蓝莓品系的品种"斯巴坦"。

晚秋的红叶。枝端着生着来年可以结实的花芽。

落叶后果树处于休眠状态，这个时期通过修剪可以提高来年果实的品质。

7

蓝莓植株的构成

蓝莓的枝每年都在不断生长。生长几年后，从植株基部还会发出萌蘖枝，从而形成丛生形树型。果实与花着生在枝的顶端。树的高度因品种而异，兔眼蓝莓品系可以长很高，适当地修剪可以让其在易于采摘的位置上结出果实。枝的种类请参见第 35 页。

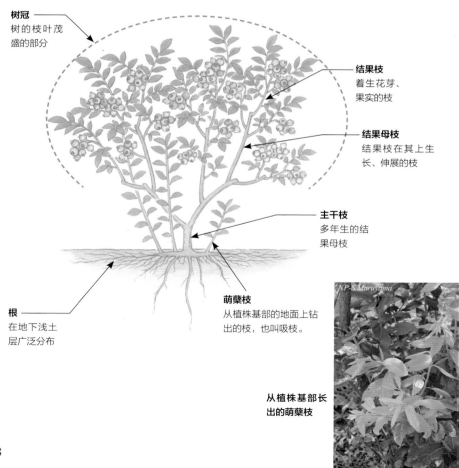

树冠
树的枝叶茂盛的部分

结果枝
着生花芽、果实的枝

结果母枝
结果枝在其上生长、伸展的枝

主干枝
多年生的结果母枝

萌蘖枝
从植株基部的地面上钻出的枝，也叫吸枝。

根
在地下浅土层广泛分布

NP-S.Maruyama

从植株基部长出的萌蘖枝

8

花瓣 雌蕊 雄蕊 花萼

NP-S.Maruyama

T.Ban

花

多朵花丛生在一起，称为花序。

花序
品种不同，花序中花的数量与花序的形态各异。

花的内部

果实

多个果实丛生在一起成为果穗。果实完全成熟之后，很容易从果梗上脱落下来。果实内有种子。

果梗

NP-T.Irie

果梗

种子

T.Ban

果实的横切面

根

分为支撑植物体的粗根和吸收养分的细根。换大盆或换盆时要注意观察根系的生长情况，并防范金龟甲类幼虫为害细根。

粗根 细根

从花盆中拔出的根钵
粗壮的、茶色的根是支撑植物体的粗根，白色的、较细的根是吸收养分的细根。

9

扦插、分株繁殖

			2 年生										3 年生					

月份：3月 4月 ~ 12月 1月 ~ 8月 9月 10月 11月 12月 1月 2月 3月 | 4月 5月 6月 7月 8月 9月 10月

买的 2 年生苗木

盆栽

- 购买、结实：购入 2 年生苗
- 换大盆、换盆 → p50 ~ p51：换大盆（或来年 3 月进行）
- 冬季修剪 → p34 ~ p41：花芽全部剪去

庭院栽培

- 购买、结实：购入 2 年生苗
- 移植到庭院 → p52 ~ p55：换大盆（或来年 3 月进行）
- 冬季修剪 → p34 ~ p41：花芽全部剪去

买的 3 年生苗木

盆栽

- 购买、结实：购入 3 年生苗
- 换大盆、换盆 → p50 ~ p51
- 冬季修剪 → p34 ~ p41

庭院栽培

- 购买、结实：购入 3 年生苗
- 移植到庭院 → p52 ~ p55
- 冬季修剪 → p34 ~ p41

蓝莓栽培，常购买经扦插或分株繁殖后 2~3 年的苗木，且事先要掌握购买后的操作流程。要想早日体验收获的喜悦，可选购 3 年生优质苗木，盆栽的话来年即可结实。蓝莓长成成木，大约需要 7 年的时间。

	4 年生			5 年生			6 年生	
11月 12月 1月 2月 3月	4月 5月 6月 7月 8月 9月 10月 11月 12月 1月 2月 3月			4月 5月 6月 7月 8月 9月 10月 11月 12月 1月 2月 3月			4月 5月 6月 7月 8月 9月 10月		

结实 ——

结实 ——

结实 ——

换大盆或换盆
（或来年 3 月进行）

换大盆或换盆
（或来年 3 月进行）

换大盆或换盆
（或来年 3 月进行）

树势好的情况下
保留花芽①

保留花芽②

保留花芽②

结实 ——

结实 ——

长势好的苗木移植到庭院中（寒冷地区来年 3 月进行）③

花芽全部剪去

树势好的情况
下保留花芽①

保留花芽②

结实 ——

结实 ——

结实 ——

换大盆（或来年 3 月进行）

换大盆或换盆
（或来年 3 月进行）

换大盆或换盆
（或来年 3 月进行）

树势好的情况下保留花芽①

保留花芽②

保留花芽②

结实 ——

结实 ——

长势好的苗木移植到庭院中（寒冷地区来年 3 月进行）③

花芽全部剪去

树势好的情况
下保留花芽①

保留花芽②

① 但是，要把预备留作主干枝的枝梢的花芽全部去除，并调整花芽的数量（参见第 37、38 页）。
② 调整花芽的数量（参见第 37、38 页）。
③ 长势弱小的苗木，更应该先用盆栽培育，然后在适当的时期移植到庭院。

11

蓝莓的原产地
和品系

原产地为北美大陆

蓝莓为杜鹃花科越橘属植物。据报告，世界上现存有大约 400 种越橘属植物（种的数量因研究者不同有所差异）。

在北美，据说有 39 种（也有说 26 种的）自生的越橘属植物。据美国农业部报告，其中的 20 种可以通称为"蓝莓"。也就是说，蓝莓这一名称不是一种植物的名字，而是包含多种植物的果树的统称。

在北美，土著居民自古以来就把越橘属植物的果实当作食物而利用。越橘属植物在日本也有自生的品种，如笃斯越橘、腺齿越橘、乌饭树（南烛）、越橘等品种。这些植物的果实自古也被生吃或加工成产品，但它们并不称为蓝莓。

日本自生的越橘属植物

腺齿越橘
夏季结实，果实直径为 7~9 毫米，在日本分布在北海道到九州一带。

乌饭树
秋季结实，果实直径约为 5 毫米，分布在日本的关东地区南部以西至冲绳一带。

矮灌蓝莓品系品种"芝妮"

蓝莓的品系

通称为"蓝莓"的越橘属植物中，成为农业栽培重要种类的有高灌蓝莓、兔眼蓝莓、矮灌蓝莓3个品系。

其中，日本家庭经常种植的有高灌蓝莓（高灌蓝莓品系）和兔眼蓝莓（兔眼蓝莓品系）。另外，高灌蓝莓品系与常绿性蓝莓杂交，培育出适于在温暖地区栽培的南高灌蓝莓品系。有关这一部分的内容，在第14~25页介绍。

在高灌蓝莓品系中，又培育出半高灌蓝莓品系（参见第21页）。

矮灌蓝莓（矮灌蓝莓品系）香味足但果实小，一般适宜家庭园艺盆栽，常作为欣赏红色枝叶、美丽果实的观赏性蓝莓来栽培。

日常栽培的3个蓝莓品系

● 北高灌蓝莓品系（适于寒冷地区栽培）
● 南高灌蓝莓品系（适于冬季温暖地区栽培）
● 兔眼蓝莓品系（适于冬季温暖地区栽培）

蓝莓栽培的第一步是选择与栽培地区的气候相适应的品系。

北高灌蓝莓品系

NP-S.Maruyama

❶ 蓝丰

味、香俱佳，品种有很多的
北高灌蓝莓品系

　　北高灌蓝莓品系适于寒冷地区栽培，虽然抗寒性强，但不耐夏季高温、多湿和干燥。在生长发育上，因为有休眠期，所以需要有一段 7℃以下的低温时期，冬季温暖的地区不适合，适于在日本关东以北地区栽培。

　　该品系果实大、味香俱佳的优良品种有很多，结实比兔眼蓝莓品系早，早熟品种从 6 月上旬开始收获。

果实数据

1 个果实的重量指标

- 2.5 克以上
- 2.0~2.5 克
- 不足 2.0 克

品种②蓝光、⑤德雷珀、⑩大粒星没有在同一条件下的比较数据，在这里就不再列示。

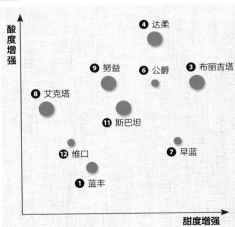

1. 基于日本 2009 年的栽培数据，从收获时期和果实的大小、甜度、酸度来进行评价。

2. 因为甜度、酸度以果汁中的含糖量、含酸量来表示，所以与实际的品尝味道是有差异的。

NP-S.Maruyama

❸ 布丽吉塔　　　　　　　　❹ 达柔

① 蓝丰
Bluecrop

收获期　6 月下旬～ 7 月上旬

北高灌蓝莓品系的基本品种。其果实的大小、风味和产量较为均衡，是比较好的品种。1952 年公开发表。

❸ 布丽吉塔
Brigitta

收获期　6 月下旬～ 7 月上旬

果实对部分霉菌有抗性。其贮藏性优于"蓝丰""公爵"，属大粒品种。1977 年公开发表。

② 蓝光
Blueray

收获期　6 月下旬～ 7 月上旬

植株树势强，丰产性好。果实粒大、味足，生着吃广受欢迎。1955 年公开发表。

❹ 达柔
Darrow

收获期　7 月上旬～ 7 月中旬

果实非常大，若完全成熟，可体验到极爽的酸味带来的乐趣。需要注意的是，如果过早采摘，果实很酸。1965 年公开发表。

15

NP-S.Maruyama

T.Ban

6 公爵

8 艾克塔

5 德雷珀
Draper

收获期 6 月中旬～6 月下旬

植株树势强，丰产性好。果实对部分病害有抗性，所以有贮藏优势。收获期比"蓝丰"约早 5 天。2003 年美国申请专利。

7 早蓝
Earliblue

收获期 6 月上旬～6 月中旬

最早是在东京农工大学的果园中培育的品种。果实中等大小，风味佳。1952 年公开发表。

6 公爵
Duke

收获期 6 月中旬～6 月下旬

植株树势强，果实贮藏性好，与其他品种授粉时相容性也好。1987 年公开发表。

8 艾克塔
Echota

收获期 6 月中旬～6 月下旬

果实非常大，若完全成熟，可体验到极爽的酸味带来的享受。植株对部分病害具有抗性。1998 年公开发表。

⑩ 大粒星

⑪ 斯巴坦

⑨ 努益
Nui

收获期 6 月下旬～ 7 月下旬

在新西兰培育的品种，形成大的树冠需要花费一定的时间。果实的风味及贮藏性都较好，是适于温室栽培的品种。1987 年美国申请专利。

⑪ 斯巴坦
Spartan

收获期 6 月下旬～ 7 月上旬

果实非常大，风味也佳。因对土壤的适应性较差，栽培时要严格地进行土壤改良。1977年公开发表。

⑩ 大粒星
大粒星

收获期 7 月上旬～ 7 月中旬

在日本，群马县由"考林"和"考维尔"自然杂交选育出的品种。果实非常大，若完全成熟，可体验到极爽的酸味带来的乐趣。需要注意的是，如果过早采摘，果实极酸。1998 年公开发表。

⑫ 维口
Weymouth

收获期 6 月上旬～ 6 月中旬

与"早蓝"一样，是较早收获的早熟品种。果实中等大小，甘甜。树势弱，属紧凑型。1936 年公开发表。

17

南高灌蓝莓品系

适于在冬季温暖地区栽培的南高灌蓝莓品系

　　南高灌蓝莓品系是从北高灌蓝莓品系中培育出的新品系，比北高灌蓝莓品系耐热性强，其树势强的品种有很多。冬季在 -10℃以下地区会生长发育不良，所以适于在日本关东以西地区栽培。冬季低温条件不合适的话，会结束休眠。

　　与北高灌蓝莓品系一样，南高灌蓝莓品系也有很多好的品种。其结实比兔眼蓝莓品系早，早熟品种从 6 月中旬开始收获。

T.Ban

❶ 盖普顿

果实的数据

1 个果实的重量指标

3 克以上

2.5~3 克

品种①盖普顿、⑥奥扎克蓝、⑫顶级没有在同一条件下的比较数据，在这里就不再列示。

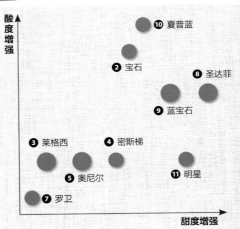

酸度增强

甜度增强

⑩ 夏普蓝

❷ 宝石

❽ 圣达菲

❾ 蓝宝石

❸ 莱格西　　❹ 密斯梯

❺ 奥尼尔　　⑪ 明星

❼ 罗卫

❸ 莱格西　　　　　　　　　　　　❹ 密斯梯

① 盖普顿
Gupton

收获期 6 月下旬 ~ 7 月上旬

果实中等大小，风味好。完全成熟时果实也坚硬。因树势强、成长快而备受关注。2006年公开发表。

③ 莱格西
Legacy

收获期 6 月下旬 ~ 7 月上旬

果实大且风味均衡的品种。树势强，适应的土壤范围广，是最值得推荐的品种。1993 年公开发表。

② 宝石
Jewel

收获期 6 月中旬 ~ 6 月下旬

果实大而圆，丰产性、抗病性（抗茎枯病、溃疡病）良好。1998 年美国申请专利。

④ 密斯梯
Misty

收获期 6 月下旬 ~ 7 月上旬

树势强且高产的品种。因其坐果过多，所以在冬季修剪时，需剪去约 2/3 的花芽。1990 年公开发表。

❺ 奥尼尔

❽ 圣达菲

❺ 奥尼尔
O'Neal

收获期 6 月中旬～6 月下旬

南高灌蓝莓品系中的基础品种。从果实的大小、风味、产量上考量，是比较均衡的品种。1987年公开发表。

❼ 罗卫
Reveille

收获期 6 月下旬～7 月上旬

树势强、树冠不大的直立型品种。果实中等大小，完全成熟时芳香、甘甜。1990 年公开发表。

❻ 奥扎克蓝
Ozarkblue

收获期 6 月中旬～6 月下旬

结实量大，易压折果枝，所以必须注意。果实品质好，与同一天采摘的其他品种相比较，果实坚硬、味足。1996 年美国申请专利。

❽ 圣达菲
Santa Fe

收获期 6 月下旬～7 月上旬

成熟时果实呈美丽的丁香色。口感好，树势强。1997 年美国申请专利。

半高灌蓝莓品系

　　半高灌蓝莓品系属于矮株品系，以耐寒性强、超早结实为目标培育而成。其株小而结实多，因植株较小而适于盆栽，也适于在狭小场地栽培。其耐寒性强，是适于在寒冷地区栽培的品系。

北蓝

NP-S.Maruyama

❾ 蓝宝石
Sapphire

收获期 6 月下旬 ~ 7 月上旬

果实非常大，风味也好。植株对病害（茎溃疡病）有抗性。1998 年美国申请专利。

⓫ 明星
Star

收获期 6 月中旬 ~ 6 月下旬

果实的萼片很大，呈星形，因此而得名。果实的口感好，树势强。1995 年美国申请专利。

❿ 夏普蓝
Sharpblue

收获期 6 月下旬 ~ 7 月上旬

在冬季温暖的地区属常绿果树，是美国佛罗里达大学培育出的南高灌蓝莓品系中最古老的品种。1975 年公开发表。

⓬ 顶级
Summit

收获期 6 月下旬 ~ 7 月上旬

产量中等水平，果实大，完全成熟时散发出本品种特有的芳香。1998 年公开发表。

兔眼蓝莓品系

NP-T.Irie

兔眼蓝莓品系易于栽培，是面向初学者的品系

本品系耐热性强，但在冬季气温低于 -10℃ 的地区难以生长发育，所以是适于冬季温暖地区栽培的品系，适宜在日本关东以西地区栽培。本品系抗夏季干旱，又很皮实，是初学者的首选。

本品系植株生长旺盛，能长很高，结实也很多。长在枝头的果实，待完全成熟后再采摘比较好。本品系结实比高灌蓝莓品系晚，最早熟的品种收获也从 7 月中旬开始。果实成熟过程中会变成粉红色，像兔子的眼睛，所以起名为"兔眼"。

果实数据

1 个果实的重量指标

● 2.5 克以上

● 2.0 ~ 2.5 克

● 不足 2.0 克

品种⑥巨丰、⑦佛罗里达玫瑰、⑨奥克拉卡没有在同一条件下的比较数据，在这里就不再列示。

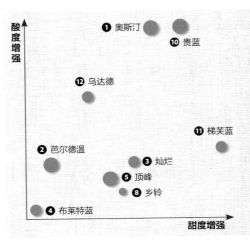

❷ 芭尔德温

❹ 布莱特蓝

❶ 奥斯汀
Austin

收获期 7 月中旬 ~ 7 月下旬

从果实风味、产量、树势等方面考量，是一个比较均衡的品种。但果实中的种子比较大，有时口感不佳。1996 年公开发表。

❸ 灿烂
Brightwell

收获期 7 月下旬 ~ 8 月中旬

晚熟品种。果实风味好，树势好，但有结果过多的倾向，所以冬季修剪时要剪去 1/2 的花芽量。1981 年公开发表。

❷ 芭尔德温
Baldwin

收获期 7 月下旬 ~ 8 月中旬

晚熟品种。果实风味好，在整个采收期内都能保持好的品质。树势强，丰产性好。1985 年公开发表。

❹ 布莱特蓝
Briteblue

收获期 7 月下旬 ~ 8 月中旬

果树树势中等强弱，具开张性，要防止树冠过大。果实大粒，是易于栽培的一个品种。1969 年公开发表。

T.Ban NP-T.Irie

❼ 佛罗里达玫瑰 **❽ 乡铃**

❺ 顶峰
Climax

收获期 7 月中旬～ 7 月下旬

与其他品种相比较，同一果穗上的果实成熟期比较一致。果实的味道也好。1974 年公开发表。

❼ 佛罗里达玫瑰
Florida Rose

收获期 7 月中旬～ 8 月中旬

树势较强。完全成熟的果实，果皮呈珊瑚粉色，是酸味小、比较好吃的品种。2002 年美国申请专利。

❻ 巨丰
Delite

收获期 7 月中旬～ 8 月中旬

果实圆粒状，呈亮蓝色。风味在兔眼蓝莓品系中比较独特，完全成熟的果实有令人爽悦的香甜味，带给人美好的享受。1969 年公开发表。

❽ 乡铃
Homebell

收获期 7 月中旬～ 8 月中旬

果实呈黑色，圆粒状，甘甜，树势强，是由现存于东京农工大学府中校区果园中的日本最古老的蓝莓植株培育出来的。1955 年公开发表。

NP-S.Maruyama

⑩ T-100（通称"贵蓝"）　　　　⑪ 梯芙蓝

⑨ 奥克拉卡
Ochlockonee

收获期　7 月中旬～ 8 月中旬

克服了兔眼蓝莓品系的最大缺点——果实内的种子多，是果实大、味道好、树势强的品种。2003 年美国申请专利。

⑪ 梯芙蓝
Tifblue

收获期　7 月中旬～ 8 月中旬

兔眼蓝莓品系的基础品种。果实大小、风味、产量比较均衡。1955 年公开发表。

⑩ T-100（通称"贵蓝"）

收获期　7 月中旬～ 8 月中旬

晚熟品种。树势强，果树高大，果实大，味道也好。

⑫ 乌达德
Woodard

收获期　7 月中旬～ 7 月下旬

早熟品种。完全成熟的果实口感酸甜度适中。未熟的果实酸味强，所以要注意采摘时期。1960 年公开发表。

开始栽培时应具备的知识

品种的选择方法

选择与栽培地区的气候相适应的品系

购买蓝莓苗前，首先要确认栽培地区的气候条件，然后选择品系、品种。北高灌蓝莓品系适于夏季凉爽的地区栽培，南高灌蓝莓品系和兔眼蓝莓品系适于冬季温暖的地区栽培。

认真考查、了解品种的特性

蓝莓品种繁多，每年还会有新的品种公布。品种的选择对栽培者来说是苦恼而又快乐的事情。参考品种说明书，在了解品种特性之后再进行购买。

例如：如果想在农历七月十五左右享受收获的快乐，与高灌蓝莓品系相比，选择兔眼蓝莓品系更好；如果用来制作爽味可口的果酱，选择酸味足的品种为好。

两个品种种植在一起

种子多的果实颗粒大

蓝莓，可以通过同一品种的花粉"自花授粉"而结实，也可以通过不同品种的花粉"异花授粉"而结实。果实中有种子，大的果实中，发芽能力强的种子往往也多。这样的种子往往也作为异花授粉的一方。

另外，在高灌蓝莓品系和兔眼蓝莓品系不同的品系间，进行品种的组合杂交，有可能结实不良。

选择同一品系两个以上的品种

因此，为了更好地结实，有必要选

NP-M.Tanaka

庭院种植
高大的兔眼蓝莓品系。

择同一品系两个以上的品种进行栽培。

　　如果场地狭小而只能种一株，虽然也能结实，但如果出现结实不良情况，就要再买一个品种来种植，从而加以改善。

苗木的购入

购买经过两个冬天的 2 年生及 2 年以上的苗木

　　一年中的任何时期都能买到苗木。售卖蓝莓苗木的种苗公司有很多，从秋到春都有销售。有的春天扦插繁殖的苗木当年就能售卖。但是，对于初学者来说，尽量选择培育了 2 年以上的大苗。

好苗的条件

　　扎根牢、地上枝干长势强壮的苗木就是好苗。选苗时不必介意其着生花芽数量的多少。如果想选择已经挂果的苗木，要选择果实少的苗木，因为结实多，养分消耗大，树势有弱化的可能。

苗木的培养

移植要等待合适的时期

　　购买的苗木，换盆、换大盆的适宜时期是 11 月，或者保持苗木栽植状态不变到来年的 3 月，再换大 1~2 号的盆。

庭院栽培要先盆栽、再移栽

　　购入的苗木直接移植到庭院，会因杂草、干旱等原因而枯死，所以要经过 1~2 年的盆栽养育之后再移植到庭院。向庭院移植时，秋天要进行土壤酸碱度的测定（参见第 75 页），在移植前的 1 个月要准备好栽植穴（参见第 44 页）。

适宜蓝莓栽培的土壤和盆钵

适宜蓝莓栽培的土壤

蓝莓适于在酸性土壤中生长。适宜的 pH，高灌蓝莓品系是 4.5 左右，兔眼蓝莓品系是 5.0 左右。蓝莓还适于在有机质丰富、排水保水性好的土壤中生长。盆栽、庭院栽培时可以使用常用土，也可以从市面上购买蓝莓栽培专用营养土。

蓝莓栽培常用土的配制材料

酸碱度未调整（原始的、天然的）的泥炭苔土
也有调整好酸碱度的泥炭苔土，在购买时要向卖家确认产品的酸碱度。

鹿沼土
使用小到中粒的鹿沼土。

蓝莓专用营养土
有各种各样的商品。

适宜的盆钵

盆栽时，使用盆土不容易干的塑料花盆比较好。用红土陶盆或素烧盆种植时，容易干旱，应注意不要缺水。大树要用 8 号以上的深盆进行栽种。

蓝莓营养土的配制方法

将未调整酸碱度的泥炭苔土与鹿沼土充分混合，一边加水一边搅拌，用手轻握混合土，有水滴滴落时配制完成。加水后的营养土要静置几天。

泥炭苔土与鹿沼土的配制比例

从体积上看，按泥炭苔土：鹿沼土 ＝ （1~3）:1 的比例混合。

吸水后的营养土
将酸碱度未调整的泥炭苔土与鹿沼土充分混合。

12 个月
栽培月历

将蓝莓栽培中的主要工作与管理按月份进行简单明了的说明与汇总。

去培育健壮植株、收获高品质的果实吧！

蓝莓栽培的最大乐趣当然是采收。

~8 月，当果梗周边的果皮变成深蓝色，就表明果实完全成熟了。

Blueberry

NP-M.Tanaka

蓝莓全年栽培工作、管理月历

	1月	2月	3月	4月	5月

生长发育状态

休眠　　　　　　休眠　　开花

主要工作

p50　p51　p52

换大盆、换盆／庭院移栽（寒冷地区）

← 栽植穴的准备　　p44

冬季修剪　　　p58　p61

p34 ～ p41　　人工授粉

p54　　p70　　防鸟对〔策〕

遮光

覆盖物　　地面覆盖物的补〔充〕

扦插用插条的选取和保存　→　p33

扦插（休眠枝扦插）　→　p56　p60

管理

放置场所（盆栽）☀：放置在通风良好且明亮的地方

浇水（盆栽）：盆土表面干燥时

← - - - 中午浇水 - - - →

浇水（庭院栽培）：晴天持续多日无降水

施肥（盆栽、庭院栽培）　p48

基肥　　给高灌蓝莓品系追肥

病虫害防治

30

6月	7月	8月	9月	10月	11月	12月
	新梢生长、果实膨大			养分蓄积		休眠
		花芽分化		落叶（一部分品种的叶片能残留到来年春天）		
				栽植穴的准备	换大盆、换盆 / 庭院移栽（冬季 温暖的地区）	
	p75 ← 庭院土壤 pH 的 调整					
	夏季修剪			→ p68		冬季修剪
	收获与保存		→ p64			
	遮光					
				地面覆盖物的补充		
					扦插用插条的选取和保存	
	←- - - 早晚凉爽的时间段内浇水 - - -→					←- -→ 中午浇水
←- 盆栽、庭院栽培都要注意不要干旱缺水 - - -→						
给兔眼蓝莓品系追肥						
	采收完成后追施底肥					

31

基本 基本的农事工作

挑战 中、高级的尝试工作

1月的蓝莓

在严寒的1月，蓝莓处于休眠状态，叶芽、花芽紧闭。

冬天是适宜修剪的时期。修剪能调节树木的生长，并且对来年夏天收获期的坐果量、果实的品质有非常大的影响。要在掌握枝的伸展方向和果实的着生位置之后，再进行修剪。

伴随着寒冷，叶完全落光，这时枝上的花芽、叶芽及其着生的位置清晰可辨。

主要的工作

基本 冬季修剪

为收获高品质的果实而进行冬季修剪

修剪的最大目标是培育能持续结出大而优质果实的果树。要想每年都收获优质果实，保持果树"营养生长"（枝叶生长）和"生殖生长"（结实）的整体平衡是至关重要的，这种平衡则靠修剪来实现。

通过修剪，对树势加以适当的管理，阳光可以照到树冠的内部，能增加来年的花芽数量。再者，通过修剪也可减少花芽的数量，可以提高残留花芽的结实品质，提高果树对干旱的应激反应能力（参见第63页）。

每年都要在冬季进行修剪，实际的操作方法请参见第34~41页。

挑战 扦插用插条的选取和保存

截取休眠枝作为插条

休眠枝扦插是选用休眠枝作为插条的扦插方法。插条在修剪前先选取好，剪下后在冷藏库内保存到3月（见第56页）。

本月的管理

- ☼ 放置在户外明亮、通风良好的地方
- 💧 盆栽：盆土表面干燥时在中午浇水
  庭院栽培：不用浇水
- 🎴 不用施肥
- 🐛 检查枝干上有无病虫害

管理

🪴 盆栽

☼ 放置场所：放置在通风而明亮的场所

霜降前，请将盆钵移放到房檐下或有屋顶遮盖的地方，预防霜害。

💧 浇水：在中午进行

在盆土表面干燥时浇水，水要浇透，直到水从盆底流出时为止。

月内浇 1~2 次水。气温低时，早、晚浇水会引起盆土冻结，故一定要避开。

🎴 肥料：不用施肥

🪴 庭院栽培

💧 浇水：不用浇水

🎴 肥料：不用施肥

🪴 病虫害的防治

毒蛾类的卵块、刺蛾类的茧、蓑蛾类的蓑袋等

害虫会在枝条上越冬（参见第 43 页），一旦发现应立即捕杀。落叶是病原菌和害虫的温床，要清扫并移至院外。

挑战 扦插用插条的选取与保存

（适宜时期：12月~来年3月上旬）

1

插条的选取

要选取营养充足、没有受到病虫为害的前年枝条作为插条剪下来。兔眼蓝莓品系的徒长枝非常适合作为插条。

2

修剪插条

剪去枝条尖端比铅笔细的部分或剪去枝上发出的小枝，切成 35 厘米长的枝条。

3

在冷藏库中保存

为防止干燥，将插条装在加厚的塑料袋中密闭封存，保存在冷藏库中。在塑料袋或纸上注明品种名。

芽的种类

着生在枝的顶梢、饱满而圆胖的芽是"花芽"，其下方细长而瘦小的芽是"叶芽"。

叶芽

叶芽生长形成新梢（新枝）。新梢在夏天不结果，秋天着生花芽，在来年的夏天结果。

萌动的叶芽（4 月）

新梢（夏）

花芽

花芽生长，春天开花，夏天结果。

萌动的花芽（3 月）

开花（4 月）

结实（6~8 月，具体因品种而异）

花芽

结果枝

叶芽与花芽的生长

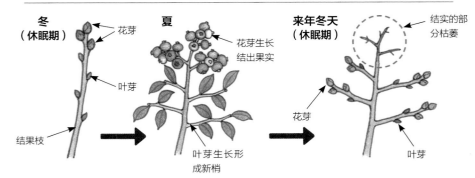

冬（休眠期） 花芽 叶芽 结果枝

夏 花芽生长结出果实 叶芽生长形成新梢

来年冬天（休眠期） 结实的部分枯萎 花芽 叶芽

枝的种类

蓝莓植株有很多枝，分为"结果枝""结果母枝""主干枝""萌蘖枝"。要分清并记牢枝的名称。

结果枝：结果（着生果实）的枝

上一年春天由叶芽长成的新枝。结果枝的先端着生花芽，来年结果，也称为"短枝"。

结果母枝：长出结果枝的枝

结果枝来年就成为结果母枝。

结果枝

结果枝

结果枝

结果母枝

结果枝

结果枝

结果枝

3 年生蓝莓
冬季修剪后的情形。从图片上可清晰地分清各类枝条。

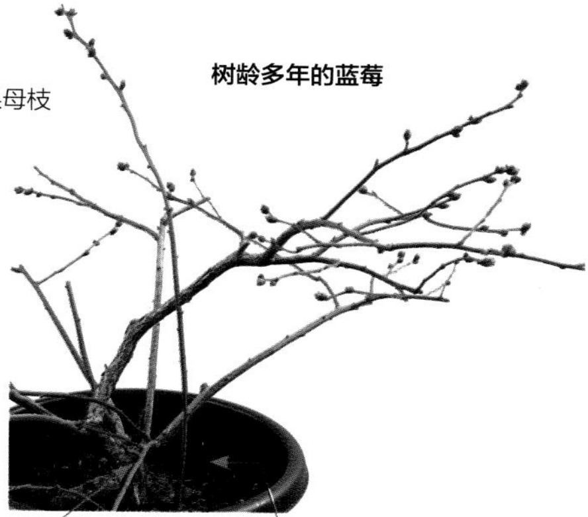

结果母枝

树龄多年的蓝莓

结果母枝

长势好的结果枝剪去一定长度（参见第 37 页），为将来成为新的主干枝做准备。

主干枝：形成果树骨架的枝

结果枝、结果母枝长粗、长大形成果树的骨干枝，就称为"主干枝"。主干枝上也有可能直接长出结果枝，这种情形下，主干枝就是结果母枝。

萌蘖枝：从地表生长出的新枝

果树在培育了几年之后，从植株基部的土壤中长出的新枝即为萌蘖枝，也叫吸枝。长势好的萌蘖枝将来可以培育成结果的主干枝。

疏枝修剪

疏枝是从枝的基部剪去枝条

通过疏枝，可以使日光照射到树冠的内部，还可以使留存在枝条上的花芽和叶芽进行充分地生长。

疏枝时剪去的枝条有以下几种：

- **不要的枝**
  （折断的枝、枯枝、病枝、细弱的枝）
- **长势良好，但对整个果树生长有妨碍的枝**
  （向内侧生长的枝、向植株中心伸展的遮阴枝、重叠枝）
- **生长了 5 年以上的主干枝**
- **长势弱的萌蘖枝**

短截修剪

剪去长枝的 1/2，促使枝条成为结果母枝

在长势好、长得长的结果枝上着生的几乎都是叶芽，冬天剪去枝条的 1/2 左右。到了春天，这个枝上会长出多个新梢，每个新梢的顶部着生着花芽。虽然短截后的枝夏天不能结果，但在来年会成为结果母枝，其上再长有多个结果枝，所以结果量是增加的。

新的结果母枝形成后，如果原来的结果枝的枝梢长势变弱的话，则通过疏枝剪去（参见第 41 页中部右侧的照片）。

切口

疏枝修剪方法
从枝的基部剪去整个枝条。

切口

短截修剪方法
要在枝条长度的 1/2 左右、外侧芽的上方剪截。剪截时要使剪刀与枝条垂直，这样剪切面最小。

基本 冬季修剪（调整花芽数量、更新主干枝）

适期: 12 月~
来年 3 月

减少花芽的数量

冬季修剪时，适当地减少花芽的数量，能提高果实品质，结出粒大、味美的优质果实。

结果枝上若有 4 个以上的花芽，则剪去 1/2 的花芽量。1 个花芽所包含的花的数量因品种不同而不同，据报告一般在 10 个左右，所以剪去 1/2 的花芽量，存留的花芽量是能够保证产量的。

主干枝的更新

多年生主干枝顶部的结果枝，其长势及结果品质都会下降，这时需短截主干枝进行更新。主干枝生长 5 年后进行更新比较合适。可以预先将主干枝上长势好的结果枝培育成新的主干枝，当新的主干枝形成后，可将老主干枝从近地面处剪除。

芽的修剪
剪去 1/2 的花芽量。

③ 春天长出新梢。

② 将强壮的结果枝截短 1/2 左右，以备将来培育成主干枝。

① 在主干枝基部长出强壮的结果枝以后，在其上方将主干枝截剪。

修剪后

老枝从基部剪去
长势弱的结果枝、结果母枝、主干枝都从枝条的基部剪去。

以秋季购买的2年生蓝莓苗的栽培为例进行说明。
有关疏枝修剪和短截修剪的内容请参见第36页。

2年生蓝莓苗的修剪

为培育出树势强、结果多的果树，要把花芽全部剪去，同时还要疏剪去枯枝、细弱枝。另外，对于株矮叶少的苗木，如果促使其结果，枝叶的生长会受到抑制而导致树势减弱，果实的品质、产量也随之下降。因此，栽培的首要任务是培育壮苗。

在庭院栽培的情况下，购买的2年生苗木要在来年秋天（寒冷地区要在来年越冬后的3月）前采用盆内栽培，待苗生长健壮之后再移栽到庭院内。

3~4年生蓝莓的修剪

盆栽的情形

植株树势强的情况下，来年就可结实。盆栽以保持3个主干枝为栽培目标。短截和剪枝的顺序见右图①~③。

庭院栽培的情形

苗木在定植于庭院之后，剪去所有的花芽，以促进果树的生长。在移栽后的2年间疏枝及短截与盆栽的相同。3年生的苗木向庭院移栽，以在移植后的第2年保留3个主干枝、第3年保留6个主干枝为栽培目标。

2年生的苗木

将位于枝顶端的花芽全部剪去。

将枯枝、弱小枝条从枝条基部剪去。

3年生的苗木（盆栽）

① 将长势弱的结果枝和萌蘖枝剪去。

② 将长势强的结果枝和萌蘖枝在外芽的上方短截，作为主干枝的后备枝，将来培育成新的主干枝。

③ 树势强的植株在来年的夏天就能结果，所以要将能结果的枝上的花芽剪去1/2。

3年生的苗木（庭院定植前后）

与盆栽一样进行修剪，要将花芽全部剪去。

修剪原则：不要让幼苗结果。即使是树势强的苗木，庭院栽培要在移植 1 年以后再结果，盆栽要在种植 3 年后结果，以此原则来进行修剪。

5 年以上庭院栽培的蓝莓的修剪

　　蓝莓苗移植到庭院后，经 2~3 年会发枝很多，如果从细枝开始修剪的话会很繁杂。所以，从构成植株骨架的主干枝入手进行修剪是最适宜的。

① 因品系和品种的不同，蓝莓植株由 10 个左右的主干枝构成较为适宜，其余的主干枝、萌蘖枝要从枝的基部剪去。结果 5 年以上、树势减弱的枝要进行更新（参见第 37 页）。

② 枯枝、受病虫为害的枝、长势细弱的枝、向树木中心生长的枝（逆行枝），

要进行疏枝修剪，从枝的基部剪去整个枝条。

③ 主干枝上长出的、伸向树冠内侧的徒长枝，也要进行疏枝修剪。注意，一定要从枝的基部剪除整个枝条，不留橛。

④ 剪去结果枝顶部的枯萎枝。

⑤ 将位于树冠上方、长势好的结果枝短截，以备将来成为结果母枝（参见第 36 页）；将萌蘖枝、靠近地面的长势好的结果枝短截，以备将来成为主干枝。

⑥ 将留存的结果枝上的花芽剪去 1/2。

　　看了下面的照片，你对如何修剪应该就会有直观的印象了吧？

修剪前

修剪后

基本 冬季修剪（盆栽的修剪顺序）

蓝莓的修剪，即使稍微剪错了，枝也能伸展、生长，
所以你大可放心大胆地修剪。

__修剪前__

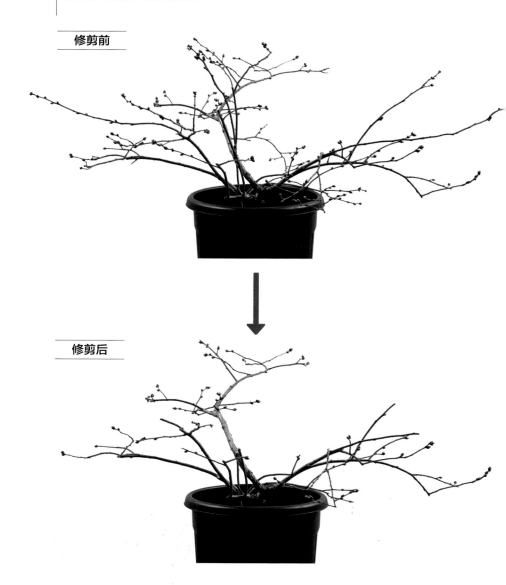

__修剪后__

首先剪去不要的枝，其次预备来年的结果母枝，并调整花芽的数量。

着生果实
的部分枝
条枯死

① 剪去不要的枝。

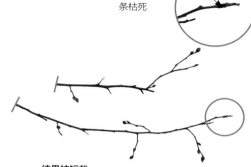

剪去细小瘦弱的枝
细弱的、花芽少的结果枝要从基部剪除。上图为
剪下的枝。

结果枝短截
将结果枝从外侧芽的上方短截。
此外，若有第 36 页所述需要疏枝修剪的情况，
也从枝的基部剪去枝条。

② 短截结果枝，以备来年成为结果母枝，并调整花芽的数量。

培育结果母枝和剪去花芽的方法：例 1
长果枝短截后，其周围的短果枝（ ➔ ）也要进
行修剪，以减少花芽的数量。

培育结果母枝和剪去花芽的方法：例 2
长果枝短截后，其周围的结果枝全部保留，
花芽全部剪除。

来年的冬季在
此处落剪

萌蘖枝的短截
将长势好的萌蘖枝（从地
表钻出的枝条）短截，将
来培育成主干枝。

萌蘖枝

最后调整花芽的数量
再审视一下修剪后的植株：留下来年夏天结果的
结果枝，除此之外的结果枝都剪除掉。留下的结
果枝的花芽量剪去 1/2。

花芽量剪去 1/2

本月的主要工作

基本 冬季修剪（12 月～来年 3 月）

基本 栽植穴的准备（庭院栽培）

挑战 扦插用插条的选取和保存
（12 月～来年 3 月上旬）

---

2 月的蓝莓

1 月中旬~2 月上旬是一年中气温最低的时期。据报告显示，耐寒性优良的北高灌蓝莓品系最低可抵御 −30℃ 的低温，而原本自生在冬季温暖地区的兔眼蓝莓品系则耐寒性极差。在选择品系和品种时，一定要考虑这一时期的气温。

庭院栽培的蓝莓，要在移植前的 1 个月准备好栽植穴。

早熟品种花芽膨大。照片中是南高灌蓝莓品系的蓝莓。

主要的工作

基本 冬季修剪

同 1 月（参见第 34~41 页）。

基本 栽植穴的准备

寒冷地区将苗木移植到庭院的情况

蓝莓适宜在酸性土壤中生长。生长适宜的 pH，高灌蓝莓品系在 4.5 左右，兔眼蓝莓品系在 5.0 左右。日本的许多地区在种植蓝莓时，有土壤改良的必要。

在栽植穴的准备中，土壤改良是重要的一环。在栽植前的 1 个月，预先准备好栽植穴，并填入未调整酸碱度的泥炭苔土。栽植穴一般长 80 厘米、宽 80 厘米、深 40 厘米。株距，高灌蓝莓品系是 1.5 米，兔眼蓝莓品系是 2 米。

实际操作参见第 44 页。

另外，要在上一年的秋天调整好土壤的酸碱度（参见第 75 页）。

挑战 扦插用插条的选取和保存

同 1 月（参见第 33 页）。

本月的管理

- ❊ 放置在户外明亮、通风良好的地方
- 🌙 盆栽：盆土表面干燥时在中午浇水
  庭院栽培：不用浇水
- ❊ 不用施肥
- 🐛 检查枝干上有无病虫害

管理

🪴 盆栽

❊ **放置场所：放置在通风而明亮的场所**

霜降前，请将盆钵移放到房檐下或有屋顶遮盖的地方，预防霜害。

🌙 **浇水：在中午进行**

在盆土表面干燥时浇水，水要浇透，直到水从盆底流出时为止。

月内浇 1~2 次水。气温低时，早、晚浇水会引起盆土冻结，故一定要避开。

❊ **肥料：不用施肥**

🌱 庭院栽培

🌙 **浇水：不用浇水**

❊ **肥料：不用施肥**

🪴🌱 病虫害的防治

毒蛾类的卵块、刺蛾类的茧、蓑蛾类的蓑袋等

这一时期，多数品种完全落叶，在枝条上、树干上越冬的害虫很容易被发现。一旦发现，应立即捕杀。落叶是病原菌和害虫的温床，要清扫并移至院外。

冬季常见的害虫

毒蛾类的卵块（图示植物是四照花）

广缘青刺蛾的茧

越冬中的蓑虫

43

基本 栽植穴的准备

适期: 10 月、2 月（寒冷地区）

使用未调整酸碱度的泥炭苔土

工作前需要具备的基础知识

准备时期

栽植穴要在栽植前的 1 个月准备好。如果是在 3 月栽植的寒冷地区，秋天准备好也没有问题。

栽植穴的大小为长 80 厘米、宽 80 厘米、深 40 厘米，泥炭苔土的用量是 100 升。

蓝莓苗在移入栽植穴后，其根要生长，所以穴要有一定的尺寸。穴的长宽尺寸要在根钵直径的 2 倍以上，穴深也以在根钵高度的 2 倍以上为宜。

栽植穴的大小为长 80 厘米、宽 80 厘米、深 40 厘米。取未调整酸碱度的泥炭苔土 100 升，与树坑中挖出的原土按 1:3 的比例混合。混合前泥炭苔土要吸足水分。

栽植穴小的情况

如果只能准备较小的栽植穴，则需要增加泥炭苔土的用量。相对于挖出来的原土的体积，按 1:1 或 1:2 的比例混合后再填入穴中。同样，混合前泥炭苔土要吸足水分。

挖穴

挖 1 个长 80 厘米、宽 80 厘米、深 40 厘米的栽植穴。因为挖出的土还要作为回填土来使用，所以堆放在穴旁。

穴内填入混合土

将充分湿润的泥炭苔土与挖出的坑土一边混合，一边回填到穴中。注意泥炭苔土要全部用完。

将穴填平，栽植穴的准备工作便完成了

填平后的栽植穴一直保持这种状态，直到 1 个多月以后的移栽。

蓝莓为什么要在酸性土壤中栽培

一般的植物不适合在酸性土壤中栽培

在自然界中，以蓝莓为代表的杜鹃科果树，大多生存在有机质丰富的酸性土壤中。因此，无论庭院栽培还是盆栽，都要使用酸性强的泥炭苔土和鹿沼土。

但是酸性土壤易产生慢性磷缺乏，另外从土壤中溶解出的铝会对根造成伤害。因此，一般的植物，在酸性土壤中生存是非常困难的。

那么，为什么杜鹃科的果树有可能在酸性土壤中生存呢？

与根共生的杜鹃类菌根菌

其答案之一是杜鹃类菌根菌的存在。杜鹃类菌根菌是真菌的一种，它与杜鹃科果树的细根共生在一起。所谓共生，就是两种以上的生物相互依存，共同生活在同一场所的生存状态。

杜鹃类菌根菌获取杜鹃科果树光合作用制造的养分，同时把土壤中杜鹃科果树不能直接吸收的磷进行分解，转变成可吸收的磷，并抑制对铝的吸收。

蓝莓无论盆栽还是庭院栽培，都能与杜鹃类菌根菌共生

在自然界中，杜鹃科果树与杜鹃类菌根菌之间存在着共生关系，这已被广泛确认。

蓝莓无论盆栽还是庭院栽培，都存在着根与对其有益的杜鹃类菌根菌的共生关系。有趣的是这种共生关系是自然建立的。通过扦插培育成的蓝莓苗，如果没有特殊的环境改变，插条在1年内就开始形成这种共生关系。

虽然从各种各样的真菌中分离出了杜鹃类菌根菌株，但其功能与自然状态下的杜鹃类菌根菌有很大差异。最近，有人通过分离培养获得优秀杜鹃类菌根菌菌株，并尝试将它作为生物肥料进行生产利用。

蓝莓细根在显微镜下的照片。青蓝色的是杜鹃类菌根菌的菌丝，可以清楚地看到菌丝侵入根细胞内的情形。

T.Ban

本月的主要工作

- 基本 冬季修剪（12月~来年3月）
- 基本 换大盆、换盆
- 基本 庭院移栽（寒冷地区）
- 挑战 休眠枝扦插

3月的蓝莓

随着气温的升高，蓝莓从休眠中觉醒，花芽和叶芽开始萌动。

在芽萌动之前，修剪工作要全部完成，并施足基肥。3月是苗移栽和盆栽换盆的适宜时期。如果在庭院内定植新苗，在上一年的秋天就要改良土壤，调整土壤的pH。本月还是利用上一年生长的枝进行休眠枝扦插的适宜时期。

T.Ban

开始萌发的乌达德（属兔眼蓝莓品系）品种的花芽。

主要的工作

基本 冬季修剪

同1月（参见第34~41页）。

基本 换大盆、换盆

建议每年更换1次

换大盆是将苗木移植到大一号花盆中的操作；换盆是将苗木的原土坨处理后再回栽到原来花盆中，或移栽到同等大小的新盆中的操作。除3月外，11月也可以进行。冬季移植，由于低温有可能伤根，故应注意避开。

盆土中的泥炭苔土在植株的生长过程中逐渐分解，不能满足植株继续生长的需要，所以要进行移植换土。具体操作参见第50~51页。

苗木移植前后要进行修剪（参见第34~41页）。1~2年生的苗木，为促使植株尽快长大，花芽应全部剪掉。

基本 庭院移栽

移栽到已经进行过土壤改良的栽植穴中

在寒冷地区，3月可以向庭院移栽苗木（参见第52~55页）。低温容易

❋ 放置在户外明亮、通风良好的地方

🌂 盆栽：盆土表面干燥时浇水
　庭院栽培：不用浇水

⚃ 盆栽与庭院栽培都要施肥

🐛 检查枝干上有无病虫害

对根造成伤害，所以不要在冬季移植。还有，在冬季温暖的地区可在 11 月进行移植。

　　庭院栽培，要在上一年的秋天测定种植场所的土壤酸碱度（参见第 75 页），碱性强的场所要进行土壤改良。其次，在移植前的 1 个月需准备好栽植穴（参见第 44 页）。

挑战 **扦插**

用休眠枝作为插条进行扦插

　　一般情况下，蓝莓采取扦插繁殖。通过插条繁殖的苗木，与母体具有同样的性质，结出的果实也与母体一样。

　　插条选用的是上一年伸展的枝条，因目前正处于休眠状态，所以叫"休眠枝插条"。当年的新梢伸展后形成的新枝，在 6~7 月作为插条的，则叫"绿枝插条"（参见第 88 页）。3 月是休眠枝扦插的适期，休眠枝扦插的方法请参见第 56 页。

管理

🪣 盆栽

❋ **放置场所**：放置在通风而明亮的场所

🌂 **浇水**：在盆土表面干燥时浇水

　　水要浇透，直到水从盆底流出时为止。大约每 5 天浇 1 次水。

⚃ **肥料**：发芽前施肥

　　为了促进萌发后植株的生长，萌发前要施用基肥。基肥为缓释性专用肥料和以油渣为主要成分的有机质肥料（含氮 4%、磷 6%、钾 2%）（参见第 48~49 页）。

🌱 庭院栽培

🌂 **浇水**：不用浇水

⚃ **肥料**：发芽前施肥

　　施肥方法与盆栽的相同。

🪣🌱 病虫害的防治

毒蛾类的卵块、刺蛾类的茧、蓑蛾类的蓑袋等

　　同 2 月（参见第 43 页）。

⚃ 施肥

适期: 3月、5月中旬（高灌蓝莓品系），6月上旬（兔眼蓝莓品系），采收完成之后

肥料的种类

蓝莓喜好酸性土壤，所以应施用酸性肥料，或肥料成分被植物吸收后产生的副产品是酸性物质的肥料都可以。

油渣

富含有机质的专用肥料

专用化学肥料

有机质肥料，一般使用以油渣为主要成分的有机质。有机质肥料不仅供给植株养分，还能改善土壤的物理学特性。另外，也可以使用市面上出售的蓝莓专用肥料，但要遵守说明书上注明的施肥量。堆肥、家畜粪便沤制的厩肥呈碱性，如果使用，一定要加以控制。

专栏

自制速效化学肥料

将硫酸铵4份、过磷酸钙3份、硫酸钾1份混合制成蓝莓专用化肥。8号的花盆施用1杯左右。

施肥方法

庭院施肥
将规定量的肥料在树冠大小的范围内圈状撒施，并轻耕土壤表面。若采取了护根的地面覆盖栽培措施，也可以将肥料撒到覆盖物之上。

盆栽施肥
将规定量的肥料圈状撒施就可以了。

施肥时期与施肥量

栽植后的施肥

以下是用盆钵培育 3 年的苗木移栽到庭院以后 1 年内的施肥方法，也适用于盆栽的 2 年生苗木。

第 1 回　秋季移栽苗木的在来年萌芽之前，春季移栽的在栽植后的 6 周以后，施用油渣等缓释性肥料。

第 2~3 回　其后每隔 6 周，施 2 次速效化肥。

促进结果的施肥

第 1 回（基肥）　在果树萌芽前的 3 月，施用油渣等缓释性肥料作为基肥。

第 2 回（追肥）　高灌蓝莓品系在 5 月中旬施肥，兔眼蓝莓品系在 6 月上旬施肥。此次施肥是为了促进新梢生长和果实膨大，所以以施用速效化肥为宜。

第 3 回（追肥）　在收获完成之后施底肥。为了恢复因结实而造成的树势减弱，可施用速效化肥作为补充。

施肥时间过晚，会造成枝的徒长。徒长枝耐寒性差，入冬后有的会枯萎，要引起注意。

施肥量

施肥量随着树龄增加而增加，并且因品系与品种、栽培条件的不同而有变化。下面的表中所列的是施肥量的标准，在此基础上，根据对叶色和树势的观察来调整施肥量。

盆栽情况下，由于根的伸展范围受到限制，肥料的效果直接能够看出来，一般以庭院栽培施肥量的 1/3 为标准。施用专用化肥一定要遵守说明书上的使用量。

表中指的是 3 年生苗木移植到庭院后的施肥量指标

基肥指油渣的量，追肥是按氮 10%、磷 10%、钾 10% 计算出的化肥量。盆栽时肥料的用量指标是庭院栽培用量的 1/3。

秋季栽植后历经的年数	栽植后的施肥		
	基肥（萌芽之前）	第 1 次追肥（施基肥 6 周以后）	第 2 次追肥（再经过 6 周以后）
第 2 年	60 克	30 克	30 克

秋季栽植后历经的年数	促进结果的施肥		
	基肥（萌芽之前）	第 2 次追肥 *	第 3 次追肥（收获之后）
第 2 年	100 克	50 克	50 克
第 3 年	140 克	70 克	70 克
第 4 年	180 克	90 克	90 克
第 5 年	200 克	100 克	100 克
第 6 年	220 克	110 克	110 克
第 7 年以上	240 克	120 克	120 克

* 高灌蓝莓品系在 5 月中旬施肥，兔眼蓝莓品系在 6 月上旬施肥。

注：表中数据是根据俄勒冈州立大学的栽培数据推算而来。

适期: 3月、11月

新买的苗木、成长中的苗木需移植到大一号的花盆中, 此过程需 1~2 次。

换盆前需准备的东西

用土

比原盆大 1~2 圈的花盆

酸碱度未调整的泥炭苔土与鹿沼土的混合土（参见第 28 页）, 或者从市面上买到的蓝莓专用土。

盆栽植株

使根钵与花盆分离

将植株从花盆中拔出。如果钵土很硬的话, 借助锯等工具使盆与钵土分离。

移栽

盆底填入栽培用土, 调整土坨的高度, 不要深埋。在土坨的周围填上专用土, 盆底不填碎石也可以。

移栽完成

挂上品种名称的标签。

浇足水

用细柔的水流给移栽后的苗木浇水, 当水从盆底流出时停止浇水。

基本 换盆

适期: 3 月、11 月

如果不想使盆和苗木太大，换盆时切掉原土坨的 1/3，再移栽到同样大小的花盆中或原盆中。

换盆前需准备的东西

将要换盆的苗木，与第 50 页相同的专用土花盆（原花盆也可以）。

1

需要切掉

切去部分土坨

将植株从盆钵中拔出，将土坨两侧用锯切去部分。切去的部分各为土坨直径的 1/6 左右。

2

将土坨上、下部分轻轻松解

将土坨的肩部、底部轻轻松解，去掉部分根和土。

3

整理后的土坨

4

装入专用土

盆底部装入专用土，将原土坨放入盆中，再在土坨的周围填上栽培用土，注意不要深埋。

5

继续填土

稍微端起花盆，在地面上轻轻地墩几下，使土壤下沉压实，再填足栽培用土。

6

浇足水

挂上品种名称的标签。用细柔的水流给移植后的苗木浇水，当水从盆底流出时停止浇水。

适期: 3月（寒冷地区），
11月（冬季温暖地区）

移植到已经准备好的栽植穴中

移植前应具备的基础知识

移植、用地面覆盖物覆盖

挖开1个月前准备好的栽植穴（参见第44页），将树苗的根钵土坨稍稍松解之后，放入穴中，注意不要埋得过深，土坨周围用挖出的土填充。为了使苗木较好地成活，不要再施基肥。

栽植后，以苗木为中心围一圈土堤，用于存水，并浇足、浇透水。中间立1根支杆，土圈内用地面覆盖物覆盖。

如果栽植穴比较小，就不要用挖出的土回填，而是用专用土填充。

专栏

覆盖物中不要掺土

覆盖物中掺土的话，会使以覆盖物为营养源的微生物增加，从而将施给蓝莓的肥料中的氮素夺走（氮素饥饿）。此外，这还会成为病害发生的诱因。

栽植前需要准备的东西

❶ 苗木（照片中是3年生的植株）。
❷ 栽培用土（第28页酸碱度未调整的泥炭苔土与鹿沼土的混合土，或者从市面上买到的蓝莓专用土），用大桶装1桶左右。
❸ 支杆（直径为20毫米，长1.5米）。
❹ 捆扎材料（麻绳或胶带等）。
❺ 覆盖物。

覆盖物要富含有机质
覆盖物可以是木屑、草木碎片、稻谷壳等，用量是70~100升。覆盖物中不要掺土，平铺于地面。

苗木的栽种

准备好栽植穴

1 个月前准备好栽植穴。

将栽植穴的中心挖开

挖直径为土坨直径 2 倍以上、深 30 厘米以上的树坑，挖出的土堆放在坑的旁边。

让苗木的土坨稍微松散

让苗木的土坨轻轻松散，去掉 1/3 左右的土。

在穴的底部填入栽培用土

在穴的底部填入栽培用土，放入植株，调整高低，使土坨低于地面。

填入栽培用土，包围土坨

在土坨的四周填入栽培用土，使其包围土坨。

用挖出的土填平树坑

将栽培用土与挖出的土混合，填平树坑。如果准备的栽植穴比较小，便不使用挖出的土，只用栽培用土填平。

浇水

围一圈土堤

以苗木为中心，将苗周围的土向四周拢，围着树形成一个圆形土堤。

浇足水

在圆形的土圈内注入1桶水。

插支杆

水完全渗入土壤

等待水完全渗入土壤后，平整土壤。

覆盖

插支杆引导枝条走向

在植株旁插1根支杆，用麻绳或胶带将枝条与其绑定。

用地面覆盖物覆盖

用地面覆盖物覆盖，厚度为10厘米，范围要比栽植穴大一圈。覆盖物中一定不要掺土。

植株基部不要被覆盖

植株基部不能被覆盖物覆盖。因为此处发根会使蓝莓枯萎，故要将植株基部的覆盖物扒开，露出地面。

修剪（参见第 34~41 页）

剪去花芽

将位于枝端的花芽全部剪去，细枝等不要的枝
也剪去。

短截枝条预备结果母枝

短截枝条约 1/2，使其来年成为结果母枝，后年
长出结果枝并结果。

移植完成。

专栏

地面覆盖物要覆盖 1 年

　　蓝莓的根系分布范围广而扎根浅，
为了使土壤表面保持良好的状态，用覆
盖物覆盖是非常有效的方法。

　　在植株的基部，用富含有机物的覆
盖物覆盖，一方面能抑制杂草生长，另
一方面能提高土壤的保水性和保温性。
此外，这对杜鹃类菌根菌（参见第 45 页）
的增殖也是很重要的。

　　覆盖物会分解而变薄，应注意适当
补充。

翻开覆盖物，可以
清楚地看到土壤与
覆盖物的分界处根
系生长的状况。

插条的调整

①

剪截插条

若保存的插条两端干枯,可分别剪去 2.5 厘米,余下的部分截成长约 10 厘米的枝条。

②

地

确认枝条的上端与下端

根据芽的着生方向确认枝条的上端与下端,不要搞错。

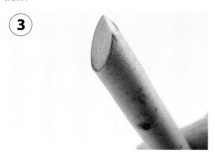

③

枝条的下端剪成楔形

用锋利的剪刀将枝条下端斜剪。相对的一侧也要稍稍斜剪。用剪刀斜剪时要保证切断面平滑,以利于吸收水分。

插床的准备

　　扦插用土以鹿沼土与未调整酸碱度的泥炭藓土按 1:(1~3)的比例混合而成(配制方法参见第 28 页)。

　　插床最好是用直径为 9 厘米的聚乙烯营养钵,也可以用花盆和托盘,但分盆时容易造成苗的根须缠绕而伤根。另外,使用营养钵,幼苗不需要再分盆,其后期的管理更容易。

直径 9 厘米的
聚乙烯营养钵

Y.Kobatake

插法

　　在专用土的中央先用一次性筷子插 1 个穴,然后将插条插入,深度约 5 厘米,即使芽埋在土中也没关系。

插条要垂直插入

将插条插入土中后,要用手指轻压插条周围的土,使插条与土壤紧密结合,然后用喷壶浇透水。

NP-M.Takeda

扦插后的管理

① 放置场所、浇水

扦插完成后，将营养钵放置在半阴的地方，控制水分。初夏之前每天浇1次，盛夏时每天浇2次。如果放置在日光直射的地方，要用寒冷纱遮光。

② 新梢的伸展

如果生长发育顺利，位于插条顶端的芽萌发，新梢伸展（一次伸长）。新梢靠贮藏在插条内的养分伸长，其后就停止伸长，有时会出现叶色变浅的情形，这没有问题。

扦插2个月后的苗
叶色发黄。

③ 根的生长

扦插后经过3个月，也有处于停止生长状态的新梢再次长出新梢的情况（二次伸长）。这时正是发根时期，根充分地吸收养分和水分，所以叶片返绿。这一时期如果施用缓释性肥料能促进生长，但过剩的肥料会抑制发根及根的生长。因此，施肥还是等到来年的3月之后进行比较好。

④ 秋后管理

在气温慢慢下降的9月以后，一方面要注意营养钵内不要过于干燥，另一方面也要控制水分，以促进根的生长。在来年的3月以后，将其移植到大一号的营养钵中定苗。以后移植时，要选择与苗大小相适合的钵或盆。

扦插1年后的苗

本月的主要工作

基本 人工授粉

基本 基本的农事工作
挑战 中、高级的尝试工作

---

4 月的蓝莓

4 月,蓝莓迎来开花期。花从枝的顶端向下依次开放。同一花序中开花的顺序是从基部向顶端开放。开花早的蓝莓不一定收获期早。

伴随着气温的升高,杂草开始旺盛生长,应注意清除杂草,保持植株周围环境干净。

NP-S.Maruyama

斯巴坦(属北高灌蓝莓品系)品种的花。

主要的工作

基本 人工授粉

促进结实的工作

蓝莓是虫媒花,依靠蜜蜂等昆虫来传播花粉是重要的授粉途径。如果在郊外的庭院栽培,昆虫很多,授粉不成问题。

但是,在高层公寓的阳台上,在城市的中心,花开时能引来的昆虫较少;如果开花期遇多雨、寒冷时节,昆虫也会少。这时就要通过人工授粉来确保结实。

人工授粉所用的花粉,一定要来自同一品系的不同品种。这是因为不同的品种间易于结实,并且在供给果实中的种子以充足养分的同时,果实相应地会长得较大。

NP

传播花粉的蜜蜂。

本月的管理

❄ 放置在户外明亮、通风良好的地方

💧 盆栽：盆土表面干燥时浇水
庭院栽培：不用浇水

🎲 不用施肥

🌱 除去植株周边的杂草，保持整洁

　　轻轻抖动位于枝端的、完全开放的花序，将抖落的花粉集中在一起。花粉细小，抖动时从侧面可以观察到花粉落下时的情形。花的开放因品种和环境的不同而不同，但各种花均开放大约10天。在花序中的所有花都完全开放的5天内，是人工授粉的最佳时间，而且这个操作要反复进行。

花粉的收集

使花序的花向下，将绒毛签或碗靠近它，轻轻抖动花序，使花粉落在绒毛签上或碗中。

将花粉涂抹在雌蕊上

将收集到的花粉涂抹在不同品种的、完全开放的花中雌蕊的柱头上。

管理

🪴 盆栽

❄ **放置场所**：放置在通风而明亮的场所

💧 **浇水**：在盆土表面干燥时浇水

　　水要浇透，直到水从盆底流出时为止。每4天浇1次水。

🎲 **肥料**：**不用施肥**

🌱 庭院栽培

💧 **浇水**：**不用浇水**

🎲 **肥料**：**不用施肥**

🪴🌱 病虫害的防治

病虫害开始发生，应引起注意

　　伴随着春季枝叶萌发，食叶性害虫也发生了。新芽上的蚜虫类、花上的灰霉病也易于发生。为抑制病虫害的发生，平时防除杂草是重要的工作，因为杂草是病原菌和害虫产生的温床。

59

5 月

本月的主要工作

- 基本 覆盖物的补充
- 基本 防止鸟类为害（从 5 月中旬开始直到收获期结束）
- 基本 遮光

---

5 月的蓝莓

5 月，光照强度增大，气温上升。刚展开的叶片若有灼伤的话，应采取遮光措施来减弱光照强度。

蓝莓的根非常细，不耐干旱，需用地面覆盖物好好地覆盖在植株基部，以此来提高土壤的保水性。在新梢生长、果实膨大的关键时期，缺水是其最大的伤害。

受精后的果实开始膨大，图为巨丰（属兔眼蓝莓品系）品种受精后的花序。

主要的工作

基本 覆盖物的补充

庭院栽培的蓝莓要覆盖 1 年

庭院栽培的蓝莓，其基部覆盖的材料因风雨侵蚀和微生物的分解而减少。

当覆盖物减少、厚度不足 10 厘米时，要进行补充（参见第 54~55 页）。注意，不要在覆盖物中混入土壤。

基本 防止鸟类为害

从果实稍稍着色时开始

麻雀、鸫属鸟类、椋鸟喜食蓝莓。当果实稍稍着色时，鸟类为害开始增加，所以从 5 月中旬开始，要采取防止鸟类为害的措施。驱鸟用的商品多数在市面上能买到，其中以防鸟网最为有效。

防鸟网并非直接挂在果树上，而是固定在由管子搭成的框架上，从而罩住果树，还能降低落果，提高产量。防鸟网一直要罩到收获完成之后。

本月的管理

- ❋ 放置在户外明亮、通风良好的地方
- 🍃 盆栽：盆土表面干燥时浇水
  庭院栽培：连续多日晴天无降水时浇水
- ▦ 高灌蓝莓品系在 5 月中旬追肥
- ✿ 除去植株周边的杂草，保持整洁

基本 遮光

新展开的叶片要防止日光灼伤

　　5 月是新展开的叶片表面形成角质层的关键时期，其耐光性差。所以新展开的叶片要采取遮光措施，避免强光照射。遮光的方法参见第 70 页。

防止鸟类为害的措施

搭起框架，用防鸟网罩住整个植株。防鸟网的网眼以大约 15 毫米为宜。为了防止被大风刮起，防鸟网的四条边要用长管压住，四个角要用石头等重物压实。

管理

🪣 盆栽

❋ **放置场所**：放置在通风而明亮的场所

🍃 **浇水**：在盆土表面干燥时浇水

　　水要浇透，直到水从盆底流出时为止。每 3 天浇 1 次水。

▦ **肥料**：高灌蓝莓品系的品种要追肥

　　高灌蓝莓品系的品种，为了促使果实充实，要在 5 月中旬追施速效性化肥（参见第 48~49 页）。

🌿 庭院栽培

🍃 **浇水**：通过地面覆盖来防止干旱

　　要注意防止干旱。一般情况下，土壤水分含量足就不用浇水，如果连续多日晴天没有降水的话就要适时浇水。防止土壤干燥的有效方法是用覆盖物覆盖。

▦ **肥料**：高灌蓝莓品系的品种要追肥

　　施肥方法同上面的盆栽。

🪣🌿 病虫害的防治

发现害虫立即捕杀

　　同 4 月（参见第 59 页）。

June

6月

本月的主要工作

基本 收获与保存

基本 夏季修剪（6月下旬~9月）

基本 基本的农事工作

挑战 中、高级的尝试工作

6月的蓝莓

6月，期待中的早熟品种开始收获。收获期持续1个月左右。在上午气温比较低的时段内进行采摘。晚熟品种还需要等待一段时间才能收获。

缺水易引起果实品质下降，所以应注意浇水。这时新梢的生长暂时停止，这个时期的新梢可以用作绿枝扦插。

NP-S.Maruyama

同一果穗上的果实成熟期有差异。图中为莱格西（属南高灌蓝莓品系）品种的果实。

主要的工作

基本 **收获与保存**

完全成熟的果实顺次摘取

观察果实，靠近果梗的果皮变成青色时，意味着果实已成熟，可以采摘了。

同一果穗内的果实开始成熟的时间不同，所以各个果实完全成熟的时间也不同。一般来说，果实中含有的大而发芽能力强的种子越多，开始成熟的时间就越早。另外，同一果穗中早熟的果实果粒大，晚熟的果实甜度高。

实际操作参见第64页。

基本 **夏季修剪**

培育紧凑型植株

将正在生长中的枝条短截1/2左右，以培育紧凑型植株。这样做既可以保证来年的产量，享受丰收的喜悦，又可以培育大小适中的紧凑型株型。因为剪掉的是不结果的新梢，所以对当年的产量没有影响。实际操作参见第68~69页。

本月的管理

- ❄ 放置在户外明亮、通风良好的地方
- 💧 盆栽：盆土表面干燥时浇水
  庭院栽培：连续多日晴天无降水时浇水
- 🎲 兔眼蓝莓品系在 6 月上旬追肥，高灌蓝莓品系在全部采摘完成之后追施底肥
- 🌱 清扫落果，除草

	1 月
	2 月
	3 月
	4 月
	5 月
	6 月
	7 月
	8 月
	9 月
	10 月
	11 月
	12 月

管理

🪣 盆栽

❄ 放置场所：放置在通风而明亮的场所

在持续降水的情况下，请挪放到屋檐下及其他能避开雨淋的地方。

💧 浇水：在盆土表面干燥时浇水

水要浇透，浇至水从盆底流出时为止。大约每 2 天浇 1 次水。

🎲 肥料：兔眼蓝莓品系追施化肥，高灌蓝莓品系追施底肥

为了果实的灌浆与膨大，兔眼蓝莓品系在 6 月上旬追施速效性化肥（参见第 48~49 页）；高灌蓝莓品系在全部采摘完成之后追施底肥。

🔼 庭院栽培

💧 浇水：持续晴天无降水时

成熟期若遇持续干旱，果实会干瘪而影响产量。所以，如果连续多日晴天无雨，则需要浇水。

🎲 肥料：兔眼蓝莓品系追施化肥，高灌蓝莓品系追施底肥

施肥方法与盆栽的相同。

🪣🔼 病虫害的防治

发现害虫立即捕杀

参见第 82~85 页的病虫害防治内容。杂草和落果是病原菌和害虫存活的温床，故要做好除草与清扫工作，保持植株周围干净整洁。

专栏

果实对干旱的应激反应

结果期若遇干旱，果实中的水分会向树体内转移，造成果实干瘪。在水分充足的情况下，干瘪状况可以改善，果实还能继续膨大。但是，对于坐果过多的果树来说，这种恢复会延迟，也有的果实会枯萎调零。若出现恢复延迟现象，在冬季修剪时，要调整修剪方案，控制花芽的数量。

63

根据果皮的颜色判断果实是否完全成熟

蓝莓果实的成熟度可由果梗周围的果皮颜色来判断，当变成深蓝色时，果实就达到完全成熟状态。当果实完全成熟时，其甜度在 12 度左右；在完全成熟之后的 3~5 天，甜度还会增加，达到 15 度左右。

完全成熟的果实很容易脱离果梗，所以也可以通过触碰果实来判断果实的成熟度。

在气温较低的上午进行采摘

温度高时果实的贮藏性下降，所以应在气温相对低的上午进行采摘。采摘之前，先清扫落果，带出庭院处理。

采摘的间隔期一般为 5 天。每次采摘时，要将果穗中完全成熟的果实全部摘下。在梅雨季节，果实因吸水过多而甜度降低，因此在雨停 3 天后再进行采摘比较好。采摘时，遇到裂果、腐烂果实也要进行回收，带出庭院处置。

采摘的果实应尽可能地放置在凉爽而不被阳光直射的地方。完全成熟的果实果皮、果肉都非常柔软，容易受伤，所以不能堆积太高太重，要防止挤压，小心存放。

采摘之后

用来生吃的蓝莓果实，放在平盘之

NP・M.Tanaka

完全成熟的果实要一粒一粒地摘取。

中，置于冰箱的冷藏室内保存。平盘用保鲜膜包裹，可以防止干燥，但也要尽快吃完。

冷冻保存

将水洗后的果实平铺在竹篮或竹筐中，沥干水分之后装入塑料袋冷冻保存。装入塑料袋后要尽量挤出袋内的空气以防止结霜。冷冻保存的果实也要尽快吃完。

冷冻保存时宜使用密封性好的、加厚的塑料袋。

美味蓝莓的食用方法 ①

　　蓝莓只有生长在树枝上才能完全成熟，所以只有培育的人才能品尝到它真正的味道。将几粒蓝莓同时放入口中，其超凡的甜香与清爽的酸味同时袭来，给人舒爽的味觉体验。下面简单介绍一下蓝莓的食用方法。

● 生吃

　　刚摘下来的蓝莓稍用水冲洗，就可放在餐桌上直接食用。完全成熟的蓝莓，其好吃的程度令人感动。

NP-S.Maruyama

美味蓝莓的食用方法 ②

● 酸奶蓝莓汁

蓝莓与酸奶食味相符，若制成酸奶果汁，会
带给你浓郁的味觉体验。

材料
蓝莓果实：200 克
饮用酸奶：400 毫升

① 将酸奶和蓝莓果实倒入搅
拌器中。

② 搅拌 15 秒左右即完成。

※果汁放置一段时间，果实中含有的花青素被氧
化，果汁就会变成茶色。另外，酸奶也容易结
成酸奶冻，所以在饮用前再进行调制。

● 蓝莓酱

　　可以用蓝莓制作出市售的所不具有的风味的蓝莓酱。

　　750克果实可制成800克蓝莓酱。

　　首先要称一下锅的重量，所以要准备一个能称1千克以上重量的秤。为了称量热锅的重量，还要准备好一个隔热的托盘，并事先称好托盘的重量。砂糖要在最后加入。

材料

蓝莓果实　750 克
砂糖（一般的白糖）250 克

1 称出锅本身的重量
　　·锅重（例：500 克）+ 果实重（750 克）=1250 克

2 将果实倒入锅中，一边搅拌一边用中小火煮 20 分钟左右，不要糊锅，也不要加水。

3 煮制过程中要称几次锅的重量，当果实重量达到 550 克左右时，煮制完成。
　　·锅和果实重（例：1050 克）- 锅重（例：500 克）= 煮制完成时果实的重量（550 克）
　　※ 隔热盘的重量也要加上。

4 当锅中的果实重量接近 550 克时停火，一边加入砂糖一边轻轻搅拌，用小火再加热，至沸腾后关火，果酱便制作完成。

※若想长期保存果酱，要将盛装果酱的容器放入大锅中，将其80%浸入水中，煮沸15分钟灭菌，再盖好盖子。

基本 夏季修剪 ｜ 适期：6月下旬~9月

对正在生长中的新梢进行短截，短截只占新梢的一部分。

操作之前应具备的基本知识

结果习性与花芽分化

蓝莓对短日照条件的反应是叶芽转化成花芽，称为花芽分化。也就是说，夏至之后，枝条顶端的叶芽开始向花芽转化。花芽分化的开始时间因品系和品种的不同而不同，一般在7~9月。花芽分化从枝条的顶端向下部顺次进行。

优点

① 可使树冠紧凑

春季新抽的枝条如果徒长，会造成树冠很大，盆栽时给放置场所带来困难。还有，蓝莓果实结实于枝端，如果结实位置太高，会给采摘工作带来很大的不便。

因此，通过夏季修剪短截徒长枝，既可以控制树冠的大小，也会给来年的收获带来便利。

② 使来年夏季的收获成为可能

冬季进行短截枝条，其枝端的花芽全部被剪去，在来年的夏天是不能结果的。与此相反，在夏季短日照条件下，短截后的枝条自上而下叶芽向花芽转化，在来年的夏天是可以结果的。

并非所有的新梢都进行短截

如果剪去的枝条过多，叶片数量骤减，根吸收水分与叶片蒸发水分的平衡会被打破；另外，光合作用制造的养分也会减少。因此，只对一部分新梢进行短截，保留一部分新梢任其生长。

徒长枝的修剪方法

是对今年春天开始伸展但还没有结果的徒长枝进行短截修剪，因此不影响今年的产量。

今年伸展的徒长枝，剪去其长度的1/2左右。

如果不进行夏季修剪

花芽着生在很高的位置，来年会难以采收。

NP-M.Takeda

修剪时期不同，形成的树冠不同

夏至以后进行修剪

切口以下的叶芽长出新梢，形成大体量的树冠。

修剪前

叶芽自上而下
分化成花芽。
短截后，切口
以下的叶芽生
长形成新梢。

叶芽

剪截处

新梢

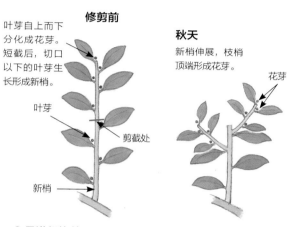

秋天

新梢伸展，枝梢
顶端形成花芽。

花芽

来年夏天

上一年秋天生长的枝
条结出果实。

9 月进行修剪

新梢顶端的花芽开始形成。短截后，切口以下的叶芽在短日照条件
下转化成花芽，而不长出新梢，形成紧凑型树冠。

修剪前

花芽

叶芽

剪截处

新梢

秋天

切口以下的叶芽
转化成花芽。

花芽

来年夏天

结果。

7 月

本月的主要工作

基本 收获与保存

基本 夏季修剪（6 月下旬~9 月）

基本 遮光（7 月上旬~9 月上旬）

---

7 月的蓝莓

7 月，高灌品系的蓝莓迎来了收获的高峰期，兔眼品系的蓝莓也渐渐进入收获期。蓝莓可以生食，大量收获时，用冷冻保存的方式比较好。

对于盆栽蓝莓，这个时期特别注意不要缺水。

着色的果实依次收获。照片中是达柔（属北高灌蓝莓品系）品种的果实。

主要的工作

基本 收获与保存

同 6 月（参见第 64 页）。

基本 夏季修剪

同 6 月（参见第 68 页）。

基本 遮光

从阳光直射蓝莓的方向加以防护

日光是蓝莓生长必不可缺的因素。但是，夏天光照过强，会引起叶片灼伤、叶片温度上升，从而导致光合作用效率下降。7 月上旬以后，要用遮光率约为 20% 的白色寒冷纱遮盖果树，以维持树势，防止果实产量和品质降低。

夏季遮光的例子

用寒冷纱阻挡日光直射，起遮光作用。

本月的管理

- ❄ 放置在户外明亮、通风良好的地方
- 💧 盆栽：盆土表面干燥时浇水
  庭院栽培：连续多日晴天无降水时浇水
- 🔲 收获完成之后追施底肥
- 🔘 清扫落果，除草

1月

2月

3月

4月

5月

6月

7月

8月

9月

10月

11月

12月

管理

🪣 盆栽

❄ **放置场所：放置在通风而明亮的场所**

遇连续降水时，放置在屋檐下等不会被雨水淋湿的地方。

💧 **浇水：梅雨期结束后每天浇水**

在盆土表面干燥时浇水，水要浇透，直到水从盆底流出时为止。

梅雨期结束后每天浇1次水。为防止盆内水分蒸发，应在早晚天气凉爽的时间段内浇水。

🔲 **肥料：追施底肥**

收获结束之后，给果树追施速效性化肥作为底肥（参见第48~49页）。

🔼 庭院栽培

💧 **浇水：连续多日晴天无降水时浇水**

收获期持续干旱，会造成果实干瘪，影响口味。所以在连续多日晴天无降水时，应在早晚天气凉爽的时间段内浇水。

🔲 **肥料：追施底肥**

施肥方法同上面的盆栽。

🪣🔼 病虫害的防治

当金龟甲类幼虫危害严重时，使用药剂防治

继续上月的操作：清扫落果，清除杂草，保持果树周围干净整洁。

7月，吸食枝干和叶片的天牛类成虫和在叶片背面啃食叶肉的有毒刺蛾类的幼虫出现了。注意，只有土壤中食根性的金龟甲类幼虫大量发生时，才使用药剂防治，且应在收获完成之后再进行防治。

叶片背面群生的刺蛾类幼虫
摘除被害叶片，集中处理。

刺蛾类幼虫为害后的叶片
叶片透光，只剩表皮层。

天牛类成虫
吸食叶片及枝干。

August

8 月

基本 基本的农事工作

挑战 中、高级的尝试工作

本月的主要工作

基本 收获与保存

基本 夏季修剪（6月下旬~9月）

基本 遮光（7月上旬~9月上旬）

基本 拆除防鸟设施

8 月的蓝莓

8 月，采摘收获工作基本完成。即使是同一品种的蓝莓，晚收获的果实也会比早收获的果实糖分含量高，食味更甘甜。

收获完成之后，要拆除防鸟网。

主要的工作

基本 **收获与保存**

同 6 月（参见第 64 页）。当树上的果实基本采摘完了，收获结束。

基本 **夏季修剪**

同 6 月（参见第 68 页）。

基本 **遮光**

同 7 月（参见第 70 页）。

基本 **拆除防鸟设施**

收获完成之后，拆除防鸟网。

正在成熟中的品种 T-100（属兔眼蓝莓品系）。8 月是兔眼蓝莓品系成熟的高峰期。

兔眼蓝莓品系的植株
果实累累，压弯枝头。

本月的管理

❄ 放置在户外明亮、通风良好的地方

💧 盆栽和庭院栽培，都在土壤表面干燥时浇水

⚄ 收获完成之后追施底肥

🐛 清扫落果，除草

管理

🪴 盆栽

❄ **放置场所：放置在通风而明亮的场所**

💧 **浇水：在早晚天气凉爽的时间段内浇水**

在盆土表面干燥时浇水，水要浇透，直到水从盆底流出时为止。每天浇1次水。正午时分，气温高，盆内水分蒸发量大，所以浇水要避开此时间段。

⚄ **肥料：追施底肥**

收获结束之后，给果树追施速效性化肥作为底肥（参见第48~49页）。

🌳 庭院栽培

💧 **浇水：观察土壤水分状况，适时浇水**

观察土壤，干燥时浇水。用覆盖物覆盖地面能提高保水性（参见第54~55页）。

⚄ **肥料：追施底肥**

收获结束之后，给果树追施速效性化肥作为底肥（参见第48~49页）。

🗑🌱 病虫害的防治

一旦发现害虫立即捕杀

发现害虫时要立即捕杀。当金龟甲类幼虫危害严重时，应使用药剂防治。清除杂草，清扫落果，保持果树周围干净整洁。

天牛类幼虫的蛀穴
位于植株基部的天牛类幼虫的蛀穴，茶色粒状物是幼虫蛀食树干后排泄的虫粪。

金龟甲类
成虫在整个夏天都会为害，蚕食叶片形成缺刻。

金龟甲类
幼虫在地下为害，若不造成大的危害便不容易被发现。

73

9 月

本月的主要工作

- 基本 收获与保存
- 基本 夏季修剪（6 月下旬～9 月）
- 基本 拆除遮光物
- 基本 拆除防鸟设施
- 基本 调整庭院土壤的 pH
  （栽植前的 2 个月）

9 月的蓝莓

9 月，收获工作全部结束。从此开始至整个冬季结束，是充实花芽、为来年的树体蓄积养分的时期。

采取遮光措施的，要拆除寒冷纱，以利于光合作用。虽盛夏已过，仍需注意浇水，保持水分充足。

NP-T.Irie

兔眼蓝莓品系的果实也全部收获。照片中是收获后期的品种梯芙蓝（属兔眼蓝莓品系）。

主要的工作

基本 **收获与保存**

同 6 月（参见第 64 页）。

基本 **夏季修剪**

同 6 月（参见第 68 页）。

基本 **拆除遮光物**

9 月日照强度减弱

日照不足会影响花芽的分化及光合作用，所以在日照强度开始减弱的 9 月，要取下寒冷纱。

基本 **拆除防鸟设施**

收获完成之后，拆除防鸟网。

基本 **调整庭院土壤的 pH**

在移栽前的 2 个月，调整土壤的 pH

蓝莓适于在酸性土壤中种植，在移栽前的 2 个月，事先要调整好栽种场所的土壤酸碱度，为移栽做准备。如果土壤的 pH 小于 6.0，则不用进行土壤改良。如果土壤的 pH 大于 7.0，可将硫黄粉末掺在土壤中，充分混合后备用。硫黄被土壤中的硫黄细菌氧化或还原，产生硫酸，从而使土壤的 pH 下降。在土壤改良困难的情况下，采取盆栽比较好。

本月的管理

❄ 放置在户外明亮、通风良好的地方

💧 盆栽和庭院栽培，都在土壤表面干燥时浇水

🎲 收获完成之后追施底肥

✂ 清扫落果，除草

基本 庭院土壤 pH 的调整

适期:9月

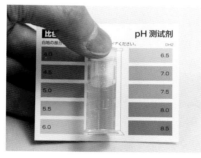

土壤酸碱度的测量

取少量土壤，加水溶解、沉淀后，取上清液加入市售的 pH 测试剂，再与测试纸板上的颜色进行比对，得出 pH。照片上的比对值显示 pH 为 6.0，适合蓝莓种植。

将 pH 调整到 4.5 时所需硫黄的量
（相当于 1 米² 的量）

原土壤的 pH	含砂量多的土壤	由砂、黏土、有机物混合而成的土壤
7.5	95克	280克
7.0	75克	240克
6.5	60克	190克

将与 pH 对应的硫黄用量，翻耕于种植场地 80 厘米 ×80 厘米的范围内。微生物在气温低时活性下降，所以改良土壤应在冬季以外的时间进行。

管理

🪣 盆栽

❄ **放置场所**：放置在通风而明亮的场所

💧 **浇水**：在早晚天气凉爽的时间段内浇水始于 8 月。

🎲 **肥料**：兔眼蓝莓品系，应追施底肥
收获结束之后，给果树追施速效性化肥作为底肥（参见第 48~49 页）。

🌿 庭院栽培

💧 **浇水**：观察土壤水分状况，适时浇水
观察土壤，干燥时浇水。从气温下降的 9 月下旬开始，根开始生长，土壤要保持湿润。

🎲 **肥料**：兔眼蓝莓品系，应追施底肥
施肥方法同盆栽。

🪣🌿 病虫害的防治

一旦发现害虫立即捕杀

和 8 月相同，要保持果树周围干净整洁。当金龟甲类幼虫危害严重时，在全部收获之后，使用药剂防治。

本月的主要工作

基本 补充地面覆盖物
基本 准备栽植穴（庭院栽培）

---

10 月的蓝莓

　　10 月，随着气温的降低，高温下停止生长的根开始旺盛生长。要补充地面覆盖物，以保持土壤水分，防止缺水，为来年果树的生长蓄积养分。

　　庭院移栽时，移栽前 1 个月应准备好栽植穴，并完成土壤改良。

10 月是为庭院移栽准备栽植穴的关键月份。

主要的工作

基本 **补充地面覆盖物**

庭院栽培时，覆盖物要全年保留

　　庭院栽培的蓝莓，植株基部覆盖的物质经风雨侵蚀和微生物分解逐步减少。

　　覆盖物减少时要进行补充（参见第54~55 页），保持有 10 厘米的厚度。补充时，注意覆盖物中不要混入土壤。

基本 **准备栽植穴**

适于庭院栽培

　　庭院移栽前，因为蓝莓喜欢酸性土壤，所以栽植穴准备的过程中要进行土壤改良。挖一个大的树穴，在其中填入酸碱度未调整的泥炭苔土。

　　栽植穴的准备，最晚在移植前 1 个月完成。即便是在来年 3 月进行移植的寒冷地区，在当年的 10 月准备好栽植穴也是很好的做法。而且，庭院土壤的 pH 需要测试、调整，所以提早做好准备吧（参见第 75 页）。

　　实际的操作请参照 2 月（第 44 页）。

本月的管理

❄ 放置在户外明亮、通风良好的地方

🌙 盆栽：土壤表面干燥时浇水
　　庭院栽培：不用浇水

⚀ 不用施肥

▣ 除草，保持树周围干净

管理

🪴 盆栽

❄ **放置场所：放置在通风而明亮的场所**

🌙 **浇水：在盆土表面干燥时浇水**

　　水要浇透，直到水从盆底流出时为止。每3天浇1次。

⚀ **肥料：不用施肥**

🔼 庭院栽培

🌙 **浇水：不用浇水**

⚀ **肥料：不用施肥**

🗑🔼 病虫害的防治

一旦发现害虫立即捕杀

　　发现害虫时立即捕杀。杂草是病原菌和害虫滋生的温床，所以要进行除草。

专栏

蓝莓与花青素

　　完全成熟的蓝莓果实呈美丽的蓝紫色，这是果皮中的植物色素——花青素大量蓄积的结果。一部分蓝莓品种的花呈粉色，秋叶变成美丽的红色，这也是花青素蓄积的结果。

　　花青素具有抗氧化作用，其优秀的生物调节机能广为人知。实际上，花青素只是一个总称，迄今为止，有500种以上的花青素已被确认。在蓝莓的果实中，就至少有15种花青素存在，其种类、所含的比率因品种和品系的不同而有差异。

1月
2月
3月
4月
5月
6月
7月
8月
9月
10月
11月
12月

基本 基本的农事工作

挑战 中、高级的尝试工作

本月的主要工作

基本 换大盆、换盆

基本 庭院移栽

挑战 防雪拴吊树枝（冬季有积雪的地区，可防止落雪压折树枝）

11月的蓝莓

11月，蓝莓迎来红叶期。果色及叶色都是植物色素——花青素蓄积的结果。红叶一般会飘落；也有的，如兔眼和南高灌蓝莓品系的一部分品种，红叶会持续到来年春天到来之前。在冬天温暖的地区，秋季是栽植蓝莓的适宜时期。

在有积雪的地区，要对植株进行束缚；或用支柱支撑，再引缚固定。

NP·T.Maki

醒目的红叶是蓝莓的魅力之一。

主要的工作

基本 **换大盆、换盆**

每年都进行1次比较好

"换大盆"是指给植株换大一号花盆的移栽操作；"换盆"是将植株切根换土后，移栽到同一大小的花盆（或原盆）中的操作。操作以3月（第50~51页）为标准。

移栽后，注意有关霜降的天气预报。有霜降时，将花盆移到廊下等可避开的地方；没有霜降时，移到明亮的场地。

基本 **庭院移栽**

移栽到已准备好的栽植穴中

在冬季温暖的地区，本月是移栽的适宜时期。实际操作请参照3月（第52~55页）。由于低温会伤根，所以移栽要避开寒冷的冬季。

挑战 **防雪拴吊树枝**

在积雪严重的地方实施

按照"适宜的地区种植适当的作物"的原则，不同的区域栽种适合当地气候条件的蓝莓是不必有特别的防寒措施的。但是，在多雪的地方，积雪会压折树枝，所以要做好防雪拴吊树枝的准备。

管理

🪴 盆栽

❄ **放置场所：放置在通风而明亮的场所**

🌧 **浇水：在盆土表面干燥时浇水**

　水要浇透，直到水从盆底流出时为止。每 4 天浇 1 次。

🔅 **肥料：不用施肥**

🌿 庭院栽培

🌧 **浇水：不用浇水**

🔅 **肥料：不用施肥**

🪴🌿 病虫害的防治

铲除滋生病原菌和害虫的温床

　伴随着冷温，病虫害的发生减少。由于病原菌和害虫在落叶中和落叶下越冬，所以要经常清扫落叶，保持植株周围整洁。落叶要带出庭院外进行处置。

挑战 防雪拴吊树枝

适期:11~12月

整个植株用绳子等拴缚，以减少表面积。

整株捆束的方法

幼树枝条柔软，可将全部枝条用绳子捆束。

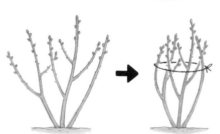

插立支柱拴吊树枝的方法

成年树木枝干坚硬，可在枝丛中插立 1 根支柱，上方固定多根绳索，再用绳索的下端拴住各个枝条。

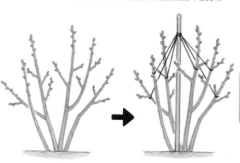

12月

基本 基本的农事工作

挑战 中、高级的尝试工作

基本 冬季修剪

挑战 扦插用插条的选取和保存

挑战 防雪拴吊树枝（冬季有积雪地区，防止落雪压折树枝）

12月的蓝莓

进入12月，蓝莓进入休眠期，但在冬季温暖的地区，红叶仍在持续。

随着气温的降低，有时会发生霜害，特别是盆栽，必须要引起注意，将花盆移至屋檐下或有屋顶遮蔽的地方。为防止盆土结冻，浇水应在中午进行。

NP-T Maki

大多数的蓝莓逐渐落叶，为过冬做准备。

主要的工作

基本 **冬季修剪（12月～来年3月）**

为结出高品质的果实进行冬季修剪

12月迎来冬季修剪的适宜时期。自当年入春以来，蓝莓枝叶生长，树冠进一步变大。

冬季修剪是每年例行的重要工作。叶落枝现，一边斟酌一边修剪，也增添了许多修剪的乐趣。即便修剪错误，蓝莓枝也会不断地生长，因此不必担心，尽情地剪吧。

修剪方法请参见1月（第34~41页）。

挑战 **扦插用插条的选取和保存**

以休眠枝进行扦插的插条的截取

若想通过扦插进行蓝莓繁殖，在修剪前或修剪中要选好插条。插条要在冷藏箱内保存到3月。实际的操作方法请参见第33页。

挑战 **防雪拴吊树枝**

在积雪多的地方进行

在11月还没有完成拴吊树枝工作的多雪地区，必须在降雪增多之前完成此工作（参见第79页）。

本月的管理

❄ 放置在户外明亮、通风良好的地方

💧 盆栽：土壤表面干燥时浇水
    庭院栽培：不用浇水

⬛ 不用施肥

🍂 清扫落叶

1月

2月

3月

4月

5月

6月

7月

8月

9月

10月

11月

12月

管理

🪴 盆栽

❄ **放置场所：放置在通风而明亮的场所**

💧 **浇水：中午浇水**

水要浇透，直到水从盆底流出时为止。每5天浇水1次。气温过低时，早晚浇水会引起盆土冻结，所以要在中午进行。

⬛ **肥料：不用施肥**

🌱 庭院栽培

💧 **浇水：不用浇水**

⬛ **肥料：不用施肥**

🪴🌱 病虫害的防治

铲除滋生病原菌和害虫的温床

伴随着严冬的到来，病虫害不再发生。但是，病原菌和害虫在落叶中和落叶下越冬，所以要经常清扫落叶，保持植株周围整洁。落叶要带出庭院外进行处置。

专栏

蓝莓的休眠

蓝莓植株从秋季落叶到来年春天会停止生长，这一段时间称为休眠期。这是落叶果树为适应冬季严寒的一种防御机能。

落叶果树经过一段时间的低温休眠后，伴随着气温的上升会从休眠状态中醒来（休眠觉醒），而重新开始生长。解除休眠所必需的低温条件，因植物的种类不同而不同。

例如，北高灌蓝莓品系的品种同其他品系的相比，要解除休眠，一定的低温是必要条件。因此，在冬季温暖的地区栽植北高灌蓝莓品系的品种，若解除休眠所必需的低温条件不能满足，会造成春季萌发不齐、结果不良、产量下降。

主要病虫害及防治措施

蓝莓同其他果树相比，令栽培者烦恼的病虫害几乎没有，但也并非完全不发生。平时要时常观察果树，尽早发现，尽早采取应对措施。

蓝莓主要病虫害的发生期

本表以日本关东以西地区为参照

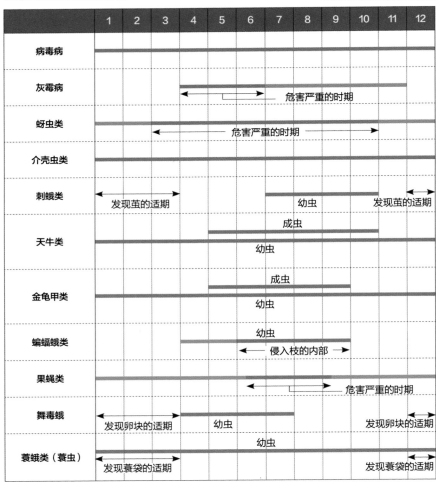

	1	2	3	4	5	6	7	8	9	10	11	12
病毒病												
灰霉病				◄—————► 危害严重的时期								
蚜虫类				◄——————— 危害严重的时期 ———————►								
介壳虫类												
刺蛾类	◄— 发现茧的适期 —►						幼虫				◄ 发现茧的适期 ►	
天牛类					成虫							
					幼虫							
金龟甲类					成虫							
					幼虫							
蝙蝠蛾类						幼虫						
					◄— 侵入枝的内部 —►							
果蝇类						◄—— 危害严重的时期 ——►						
舞毒蛾	◄—— 发现卵块的适期 ——►				幼虫						◄ 发现卵块的适期 ►	
蓑蛾类（蓑虫）					幼虫							
	◄— 发现蓑袋的适期 —►										◄ 发现蓑袋的适期 ►	

病 害

病毒病

因病毒而引发的病害，在日本已经被确认的有蓝莓红色环斑病毒。受害的果树全年内都能找到。感染了蓝莓红色环斑病毒的果树，茎叶及果实上会出现红色环斑。有关病毒对果树的生长及果实品质的影响的详细情况，目前还不清楚。

【防治措施】

确认感染了病毒，要将果树连根拔除，带出庭院外进行处理。处理时使用的剪刀等工具上可能沾有病毒，要用水冲洗干净。目前没有适用于病毒病防治的药剂。

灰霉病

由霉菌中的灰葡萄孢引发的病害。病原菌感染果树的蕾、花、果实和叶片，春季和秋季气温在 15~20℃、高湿的情况下危害扩大。受感染的叶片萎缩后枯死，花和果实上覆盖有灰色的菌丝。贮藏中的果实也会发生。

【防治措施】

通过修剪来改善树冠内的通风与透光环境，是预防灰霉病的有效措施。当病害发生时，要及时将受害部位摘除。

防治的基础知识

不使用药剂（农药）的措施

不使用药剂（农药）的基本点是通过恰当的栽培管理，来培育健壮的植株，并保持植株周围干净整洁。特别强调的是，修剪保障了树冠内部光照、通风环境良好，对果树的健康生长与发育起着重要的作用。清除杂草、清扫落叶及落果等操作也要用心。

使用药剂防治时的注意点

农药都有其适用的植物，用于蓝莓时应注意：在药品的标签和说明书上，"作物名称"一栏中必须标有"果树类"或"蓝莓"；此外还有"适用病虫害名称"及"使用时期"等，必须严格遵守。

害 虫

吸食果树汁液的害虫

蚜虫

全年都有发生，但以春天到初夏时危害为重，大多为害新抽枝条的枝梢，有时引起新叶展开不良。另外，蚜虫吸食汁液，会引起病毒病扩散。蚜虫的分泌物有时还是灰霉病发生的原因。

【防治措施】

通过修剪，改善树冠内部的通风透光环境，这是有效的措施。氮素肥料过剩也是蚜虫发生的诱因，所以要注意施肥量。虫害发生时，用牙刷等工具将虫体仔细地除去。

介壳虫

全年都有发生，介壳虫有很多种类，身体表面覆有蜡状物质和硬壳，小成虫和幼虫附着在枝上吸食汁液。除吸取汁液进行为害外，虫体分泌物还是灰霉病发生的原因。

【防治措施】

一经发现虫体，用牙刷等工具将其刷落。

嚼食性害虫

刺蛾类

→参见第 43、71 页的照片

从夏到秋以幼虫为害。发生初期，刚孵化的幼虫群居于叶片背面，咀嚼叶肉，使叶片变薄，呈白色透明状。长大的幼虫向全树转移，啃食全树的叶片。冬季结茧在枝条上越冬。

【防治措施】

在发生初期，摘取带虫叶片是最有效的防治方法。在查找幼虫时，要看发白叶片的背面，因幼虫带有毒刺，所以不要触碰到幼虫。只要有过摘除受害叶片的经历，下次再发生时，就会很容易地找到幼虫。冬天若发现虫茧就敲碎它。

天牛类

→参见第 71、73 页的照片

成虫春天以后在主干枝上产卵，幼虫钻入枝内嚼食，造成树势下降，严重的枯萎死亡。成虫食树皮和树叶。

【防治措施】

如果发现从主干枝排出的虫粪，就可找到幼虫的侵入口，插入铁丝，驱赶并消灭幼虫。在树干基部经常除草或铺有覆盖物，侵入口会很容易被发现。发现成虫时，应立即进行捕杀。

金龟甲类

→参见第 73 页的照片

春天后成虫嚼食叶片。成虫在土中产卵，孵化后的幼虫为害根部。特别是盆栽，因幼虫为害时会使植株枯死。

【防治措施】

发现成虫、幼虫时，立即捕杀。可在盆土表面铺上无纺布，防止其产卵。在幼虫危害严重的情况下，要使用药剂防治。

蝙蝠蛾类

初夏以后发生，以幼虫侵入枝内为害。在侵入口的附近会有幼虫虫粪，据此可找到侵入口。

【防治措施】

如果发现虫粪，就可找到幼虫的侵入口，插入铁丝，驱赶并消灭幼虫。低龄幼虫是食草类害虫，彻底清除果树周边的杂草，可有效减轻危害。

果蝇类

全年发生，大多为害果实。成虫产卵于果实上，孵化的幼虫在果实内部取食。钻有幼虫的果实，表面留有幼虫进行呼吸的孔，此处会有果汁溢出。

【防治措施】

果实收获前，将落果和腐烂的果实集中起来，带出庭院，统一处理，以减轻危害。若遇夏季低温，危害程度会扩大，此时不得已会使用药剂防治。

毒蛾类

→参见第 43 页的照片

从初春出现的幼虫到成虫都食叶片。幼虫很大，大量发生时会将叶片全部吃光。

【防治措施】

冬季去除卵块是有效的防治方法。将产在主干枝上的卵块用牙刷等工具刷掉。另外，幼虫个儿大，容易被发现，用捕杀的方法就能充分应对。

蓑蛾类（蓑虫）

→参见第 43 页的照片

幼虫食叶和果实，危害有时会一直延续到晚秋。危害重的有 2 种，茶蓑蛾在 4 月下旬以后、大蓑蛾在 7 月下旬以后以幼虫为害。冬天以蓑袋固定在枝上越冬。

【防治措施】

发现后立即捕杀。

问答 Q&A

对于蓝莓栽培过程中常见的问题、蓝莓的寿命等作答。遇到困难时，首先要重新温习蓝莓栽培的基础知识。

 蓝莓树枯萎是什么原因？

 大多的是土壤原因，此外也有其他原因。因此要重新返回到最基本的栽培方法去查找解决办法。

土壤和栽培用土的原因

适于蓝莓健康成长的土壤，是 pH 为 5.0 左右的酸性土壤，并且是富含有机质且保水、排水性良好的土壤。如果移栽苗木时的土壤改良（参见第 44、74 页）或盆栽用土（参见第 28 页）不恰当，树势会慢慢减弱，最终枯萎。另外，土壤改良使用的泥炭苔土慢慢分解，会造成土壤中的有机物渐渐不足。泥炭苔土的老化，还会带来土壤排水性的恶化。

在庭院栽培时，只是定期补充覆盖物（参见第 54、55、60 页），就没必要那么费心。但是，盆栽的蓝莓一定要定期换盆，进行换土或补充新土。

根的原因

恰当的管理可以促使根旺盛生长。影响根系生长的原因有很多：盆土变硬，根不能很好地吸收水分与养分；金龟甲的幼虫啃食根系；浇水不足或浇水过多；种植过深会抑制根的生长；施用碱性化肥等。种植兔眼蓝莓品系的品种，为了使土壤 pH 下降，土壤改良常为过酸性，也会导致树势下降。

地上部的原因

不能维持树势还可以从以下方面考虑。

树小而结果过多，也能导致树势缓慢下降。还有，在结果枝上，果实与叶数的平衡也要注意。即冬季修剪时，长势弱的树和刚移栽的树，要剪去所有的花芽；已经结果的树，可减少花芽的数量，通过短截修剪而形成结果母枝，从而增加叶的数量。再有，主干枝老化，其输导养分、水分的能力恶化，也能造成树势下降。所以主干枝每 5 年更新 1 次，保持和维持良好的树势是很重要的。

树势减弱，结果不良，怎么办？

 开花但不结实，是什么原因？

 通过修剪、土壤改良、施肥等措施来恢复树势。

修剪

通过修剪，对果实着生状况进行调控，从而集中恢复树势。

夏天不进行修剪，冬季修剪时将花芽全部剪去。其次，长势弱的细枝也全部从枝条基部剪去。留下的长势好的枝条也要短截，剪去 1/2 左右，以使其在春天之后能长出旺盛的新梢。再者，利用从树木基部长出的萌蘖枝来更新主干枝，也是有效的方法。

土壤与栽培用土

通过换盆和土壤改良，来恢复根的生长。盆栽时，若盆土过硬，操作时用锯等工具将土坨的侧面切去一部分，以促进新根的生长。庭院栽培时，利用富含有机物的覆盖物来起到改良土壤的作用（参见第 54~55 页）。

肥料

利用适合蓝莓的化学肥料进行追肥。专用肥料中含有蓝莓喜好的氨态氮肥，还添加有维持土壤 pH 呈酸性的物质。施肥时用量一定要严格遵守规定。

进行人工授粉或同时栽培同一品系的 2 个品种。

人工授粉

在能结种子的果树中，种子会影响到坐果及果实的膨大。特别是蓝莓，种子越多果实越大。

这个问题可能是因为雌蕊受粉、受精不良。开花期若遇低温、多雨、高层公寓的阳台使昆虫难以造访等情况，就要进行人工授粉（参见第 58~59 页）。

栽培同一品系的 2 个品种

栽培单一品种的蓝莓是可以结实的，与此相对，如果栽培同一品系的 2 个不同品种，能促进受粉与受精，增加果实内的种子数量，还能收获大的果实。另外，作为品种的特性，奥克拉卡和粉红柠檬水，相对于开花数，其结实率是低的。

修剪与施肥

若遇受粉、受精良好而不结实的情况，就要考虑是否是树势弱、养分不足的原因。为避免结果过量，可通过冬季修剪来调节树势。另外，应在适当的时期施用适量的肥料。

Q 长年栽培，果树的寿命会怎样？

 A 如果严格按照蓝莓栽培的基本知识进行操作的话，是能享受 50 年以上收获乐趣的。

美国的研究表明，兔眼蓝莓品系的经济树龄在 25 年以上。所谓"经济树龄"，是指收获的果实以售卖为目的，在此前提下，从经济核算的角度审视的树龄（约为栽培年数）。高灌蓝莓品系中栽培年数超过 50 年以上的品种有很多。

蓝莓树逐渐老化，树势和产量也渐渐下降。但是，自己一边享受一边栽培，产量减少也不是问题吧？蓝莓虽每年收获 1 次，但充满爱心地从事管理的话，果树也会给予我们相应的回报。请一定长久地享受栽培的乐趣！

在东京农工大学内，现存有一株日本最早引进的兔眼蓝莓品系乡铃品种的植株，其树龄已经超过 50 年了。

日本最早引进的树龄超过 50 年的乡铃品种的植株。

 Q 庭院树木和花草常在 6 月进行扦插，蓝莓在 6 月也能扦插吗？

 A 6 月下旬～ 7 月上旬，利用新枝，也能进行扦插。

修剪

在 3 月进行的扦插叫"休眠枝扦插"（参见第 56 页），此外还有使用新梢作为插条的"绿枝扦插"。

绿枝扦插是在 6 月下旬～ 7 月上旬，新梢生长暂时停止时，剪取新梢，截成 10 厘米左右的插条来进行扦插。

插条剪好后，直接接入插床，插床（直径为 9 厘米的聚乙烯营养钵及专用土）、扦插方法、扦插后的管理与休眠枝扦插相同。特别重要的是要对插条进行遮光处理，以避开夏天的强日照。兔眼蓝莓品系的绿枝扦插，遮光率为 40% 时有利于生根。从扦插到生根需要 1 个月左右的时间。

插条的剪法

长度为 10 厘米左右的枝条。

插条下端用锋利的剪刀剪成楔形。

为防止叶片蒸发过多的水分，只保留插条上端的 2 枚叶片，其他的剪去。

蓝莓可以通过种子进行繁育吗？

 播种种子也可以繁育，有的从播种到结实需要近10年的时间。

通过种子繁育的果树大多与亲本具有很大的差异，结出的果实也与亲本有很大的不同。因此，播种种子是培育新品种的主要方法。实际上，用种子培育出的新个体，其优于亲本并能注册为新品种的概率是很低的。一个新品种的诞生乐趣，要经过长时间的栽培而获得。

从完全成熟的果实中采集种子，放入冷藏箱内保存，来年3月进行播种。

种子的采集与保存方法

将完全成熟的果实加水后放入搅拌器中，轻轻搅拌后倒入滤茶器中，反复清洗，就能收集到好的种子。

将收集到的种子平铺在硬纸上，放在背阴处干燥几天。需要注意的是，干燥不彻底的种子，在保存过程中会发芽。干燥后的种子装在密封的塑料袋中，放入冷藏箱内保存到来年的春天。

3月中旬进行播种。如果种子保存1年以上，发芽率会下降，所以要将留存的种子全部播种。

播种方法

土壤采用酸碱度未调整的泥炭苔土与鹿沼土按（1~3）：1的比例混合，吸足水分后放置备用（参见第28页）。将土壤装入育苗托盘，撒播种子。由于发芽需要光照，所以不覆土或覆盖薄薄一层土。将育苗盘放在光照良好的场所，每天喷水。

发芽后的管理

种子在播种1个月后发芽，继续按上面的方法管理。当苗高5厘米左右时，移栽到2号营养钵内，用土同上。装钵时注意不要伤根，要浇透水。之后，根据苗木的大小换盆。

用滤茶器过滤后的种子
大而深褐色的种子（○）是好种子。

北方栽培

如果选用抗寒性强的北高灌蓝莓品系的品种，在寒冷地区种植蓝莓也不成问题。

选用北高灌蓝莓品系的品种

在冬季气温低的地区栽培蓝莓，首要的前提是种植耐寒性强的北高灌蓝莓品系的品种。其他耐寒性弱的南高灌蓝莓品系及兔眼蓝莓品系不适于在冬季寒冷的地区栽培。

积雪多的地区要有防雪措施

北方栽培蓝莓，其基本的栽培作业和管理与其他地区相同，但在降雪多的地区，应有必要的防雪对策。为了防止积雪压折树枝，在降雪前要扎防雪围障或竖立支柱，对主干枝进行诱导和固定（参见第79页）。

气温上升之后再进行修剪

由于积雪，树木本身及花芽有时受到伤害，因此，修剪在气温上升、开始回暖的3月下旬以后进行。有的已经开始发芽了才进行修剪，所以操作中要注意不要伤害萌芽。

北方栽培的实例

右表为北方某一农家栽培蓝莓时有关蓝莓生长发育状况、修剪及防雪对策的实例展示，参考此表，可进行与其地区相符的栽培作业。

本表根据《农业技术体系·果树编·第7卷》（1999·2006）制成。

	1月	2月	3月	4月	
北海道				萌芽	
				冬季修剪	
岩手县				萌芽	
				冬季修剪	
山形县				萌芽	
				冬季修剪	

早蓝（北高灌蓝莓品系的品种）。

NP-S.Maruyama

在北方积雪不严重的地区，降雪前完成修剪，既减少了枝的数量，又降低了积雪压折枝条的可能性。

收获完成之后注意增施底肥

施肥一般1年3次，萌芽时施基肥，开花后期到开花后进行追肥，收获完了之后施底肥。

同温暖地区相比，同一品种在北方种植，收获时期会推迟。因此，追施底肥的时间有时会推迟到9月以后。这个时期若施用氮肥过量，会造成徒长。秋后伸展的枝耐寒性弱，以此状态入冬，有时会发生结果枝冻伤的情况。因此，追施底肥时，要注意观察树势和叶色，施肥量为果树必需用量的最低量。

5月	6月	7月	8月	9月	10月	11月	12月
	开花		收获			防雪对策	
开花		收获					
冬季修剪 开花		收获				防雪对策	

蓝莓的栽培历史

了解蓝莓品种选育的目的是加深对蓝莓栽培的理解。

移民们的贵重食品

蓝莓的原产地是北美大陆。自古以来，土著居民就食用属于越橘属的蓝莓果实。1620 年之后，清教徒开始向北美移民，之后出版的一般市民的日记和科学家的手记中，就有关于越橘属植物的详细记述。从中可以看到，最初的迁入者为食物不足而困扰，蓝莓等越橘属植物的果实被当成是贵重的食物之一。当时的蓝莓还不是经济栽培[1]，是从自生的果树上采收果实。

蓝莓的品种改良从 20 世纪初起以美国为中心展开，至今每年都有新品种公开发表。

各蓝莓品系的育种历史

蓝莓的品种培育，是以美国各产地的生产性的提高、栽培地域向南北扩大为目的而进行的。

1. 高灌蓝莓品系

高灌蓝莓品系的品种培育始于 1908 年的新罕布什尔州，美国农业部的研究人员从自生的个体群中优选出了布鲁克斯。从这之后，蓝莓品种改良的

重要性被认识，1911 年之后，又选育出多个品种。在最初的研究者留下的 68000 多棵试验苗木中，选育出了"蓝丰"等多个品种。

2. 南高灌蓝莓品系

20 世纪 50 年代初，美国农业部与佛罗里达大学联合开展的育种项目开始了。这个项目的目标就是培育适合夏季高温湿润而冬季温暖气候（如佛罗里达州的气候条件）的蓝莓品种，其成果就是南高灌蓝莓品系的诞生。

在北高灌蓝莓品系上增添佛罗里达州自生的常绿性品种 V.darrowi 的优秀性质（低温要求量低[2]、果皮青色、具耐旱性），两者经过杂交培育，就形成了这一品系。北高灌蓝莓品系的低温要求量是 1000 小时，而南高灌蓝莓品系只有 400 小时。

3. 半高灌蓝莓品系

半高灌蓝莓品系是以提高耐寒性和早熟性为培育目的，由矮灌蓝莓与高灌蓝莓杂交而形成的品种群。

4. 兔眼蓝莓品系

兔眼蓝莓品系耐热性优良，与高灌

品系相比，土壤的适应范围广，对低温的要求也不苛刻，因此是美国南部蓝莓经济栽培不可缺少的品系。1893年，佛罗里达州西部有人将自生的蓝莓树向果园中移植，开始了经济栽培，以提高果实品质、促进果树均衡生长为目的的品种改良也迎来了新的机遇。佐治亚大学与美国农业部联合开展育种项目，1950~1960年间，培育出了乡铃、梯芙蓝、乌达德品种。

最新品种培育动态

进入20世纪90年代，蓝莓育种迎来转折期，其背景是世界范围内对蓝莓果实的需求量大大提高。从20世纪90年代到21世纪初，从前没有栽培过蓝莓的地区也能生产蓝莓了，蓝莓在世界范围内的产量增加了。这是品种改良使蓝莓适宜于更广泛的栽培环境，各栽培地区又形成了独特的栽培技术的结果。

现在蓝莓的育种目标与1900年相比几乎完全不同。最重要的有：①丰产性；②出众的口味；③优质的果实品质；④果梗痕的干燥程度（收获后果实果梗脱落处过湿则不耐贮藏）。

此外，果实成熟的早晚、硬度、果皮颜色、贮藏性及在pH高的土壤中生长的受耐性等，多方面的形态与品质的改善都成为育种的目标。

栽培的现状

据联合国粮农组织（FAO）公布的数据，2013年全世界蓝莓的产量为423790吨，与2000年的数据相比，产量与种植面积都增加了约1.5倍。产量最多的国家是美国，其次是加拿大、法国。在日本，据农林水产省公布的信息，主要的产地是长野县、东京都、茨城县。

1. 经济栽培：收获的果实以出售为目的，这种栽培要进行经济核算，所以称为经济栽培。
2. 低温要求量：指从休眠状态中觉醒所必须经受的低温的时间量。

专业名词解释

"什么样的肥是底肥？""什么是短日照条件？"
如果有不明白的用语，请参见这里。

● **本页的使用方法**

　书中出现的某些词汇，在这里进行解释说明。

2年生（苗）： 扦插后已生长2年不满3年的苗木。

3年生（苗）： 扦插后经3年不满4年的苗木。

插条： 扦插时使用的经修剪过的枝和茎。

底肥： 果树上，在采收之后为恢复树势，带着感谢的心情而给果树施用的肥料，所以也称"礼肥"。

短日照条件： 当黑夜的长度达到一定的时间临界值，植物才能生长，这个时间条件就是短日照条件。

覆盖物： 在树干基部及周围用各种材质的物质进行覆盖。

根钵： 植物从盆钵中拔出或从庭院中挖出来时，连根带土坨的部分。

基肥： 植物生长发育开始前施用的肥料。

交配： 用不同的种和品种的花粉进行授粉、受精。

结果习性： 果树上，因种类而决定的果实着生的位置，叫结果习性。

鹿沼土： 从日本栃木县的沼泽地区采挖的酸性黄色土壤，排水性好。

泥炭苔土： 湿地藻类、苔藓类植物堆积、腐熟后形成的土壤，其透气性、保水性优良。

pH： 用来表示酸性、碱性的单位。pH为7.0是中性，数值越小，酸性越强。

前年枝： 春天新伸展的枝为"当年枝"或"一年枝"，与此相对，前一年长出的枝叫前年枝（二年枝）。

受粉： 被子植物中，花粉着附在雌蕊的柱头上，就雌蕊而言叫受粉。

受精： 被子植物中，花粉中的精细胞核与雌蕊中的卵细胞核融合成合子称为受精。

树势： 指树木的生长势头。树与枝条生长发育良好，称为"树势强"。

徒长枝： 比其他枝长势好、长得长的枝。

土壤改良： 在移栽前，对种植场地的土壤进行适于植物生长发育的人为改良。对于蓝莓来说，土壤改良包括土壤pH的调整、种植穴的准备和用覆盖物覆盖地面。

土壤适应性： 对土壤所具有的如pH、保水性等各种性质的适应能力。

外芽： 在多枝的树木上，枝条上着生于外侧的芽。

新梢： 春天新伸展的枝条，也称"一年枝""当年枝"。

休眠枝： 处于休眠状态的枝条。

异花授粉： 一朵花的花粉，给另一植株的雌蕊进行的授粉。

自花授粉： 一朵花的花粉，给同一朵花或同一植株上其他花的雌蕊进行的授粉。

自然杂交： 不进行人为干预，在自然状态下，种间或品种间授粉而结实。

追肥： 生长发育过程中施用的肥料。

NHK

园艺指南系列

图解葡萄整形修剪与栽培月历

作者：[日]望冈亮介
ISBN: 978-7-111-60995-7
定价：35.00 元

　　望冈亮介，农学博士，日本香川大学农学部教授，本着推广安全可靠的栽培技术的原则，专心致力于果实品质提高的技术开发。

图解柑橘类整形修剪与栽培月历

作者：[日]三轮正幸
ISBN: 978-7-111-61173-8
定价：35.00 元

　　三轮正幸，日本千叶大学环境健康领域科学中心助教，长期从事果树园艺、社会园艺方面的工作。作为 NHK 的趣味园艺讲师，为众多家庭讲授轻松快乐地种植果树的方法。

图解蓝莓整形修剪与栽培月历

作者：[日]伴琢也
ISBN: 978-7-111-60859-2
定价：35.00 元

　　伴琢也，日本东京农工大学农学部教授，长期从事果树园艺栽培工作，不断探索栽培环境中的各要素对果实着色、根系生长特性的影响,并致力于向实际的栽培技术方面转化。

Original Japanese title: NHK SHUMI NO ENGEI 12 KAGETSU SAIBAI NAVI ⑤ BLUEBERRY

Copyright © 2017 BAN Takuya

Original Japanese edition published by NHK Publishing, Inc.

Simplified Chinese translation rights arranged with NHK Publishing,Inc. through The English Agency (Japan) Ltd. and Eric Yang Agency

本书由株式会社NHK出版授权机械工业出版社在中国境内（不包括香港、澳门特别行政区及台湾地区）出版与发行。未经许可之出口，视为违反著作权法，将受法律之制裁。

北京市版权局著作权合同登记 图字：01-2018-1199号。

图书在版编目（CIP）数据

图解蓝莓整形修剪与栽培月历 /（日）伴琢也著；侯玮青译. — 北京：机械工业出版社，2018.11

（NHK园艺指南）

ISBN 978-7-111-60859-2

Ⅰ.①图… Ⅱ.①伴… ②侯… Ⅲ.①浆果类果树 – 修剪 – 图解②浆果类果树 – 果树园艺 – 图解 Ⅳ.①S663.2–64

中国版本图书馆CIP数据核字（2018）第208027号

机械工业出版社（北京市百万庄大街22号　邮政编码100037）
策划编辑：高　伟　　责任编辑：高　伟
责任校对：王　欣　　责任印制：孙　炜
保定市中画美凯印刷有限公司印刷

2019年1月第1版·第1次印刷
147mm×210mm·3印张·114千字
标准书号：ISBN 978-7-111-60859-2
定价：35.00元

原书封面设计
冈本一宣设计事务所

原书正文设计
山内迦津子、林圣子、大谷䌷（山内浩史设计室）

封面摄影
田中雅也

正文摄影
成清彻也
入江寿纪/竹田正道/田中雅也/牧稔人/丸山滋

插图
江口明美
太良慈朗
（图片绘制）

原书校对
安藤千江/高桥尚树

原书协助编辑
小叶竹由美

原书企划·编辑
渡边凉子（NHK出版）

协助取材·照片提供
东京农工大学农学部Ars照片策划/伊藤蓝莓园/江泽蓝莓乐园/Ocean贸易公司/草间佑辅/穴户蓝莓园/森林综合研究所/乃万了/永峰哲郎/伴琢也